Montaje en instalaciones domóticas en edificios

José Javier Bermúdez Luque

ic editorial

Montaje en instalaciones domóticas en edificios
© José Javier Bermúdez Luque

1ª Edición

© IC Editorial, 2025

Editado por: IC Editorial
c/ Cueva de Viera, 2, Local 3
Centro Negocios CADI
29200 Antequera (Málaga)
Teléfono: 952 70 60 04
Fax: 952 84 55 03
Correo electrónico: iceditorial@iceditorial.com
Internet: www.iceditorial.com

ISBN: 978-84-1184-924-1
Depósito Legal: MA 1049-2025

Impresión: PODiPrint
Impreso en Andalucía – España

Nota de la editorial: IC Editorial pertenece a Innovación y Cualificación S. L.

Presentación del manual

El **Certificado de Profesionalidad** es el instrumento de acreditación, en el ámbito de la Administración laboral, de las cualificaciones profesionales del Catálogo Nacional de Cualificaciones Profesionales adquiridas a través de procesos formativos o del proceso de reconocimiento de la experiencia laboral y de vías no formales de formación.

El elemento mínimo acreditable es la **Unidad de Competencia.** La suma de las acreditaciones de las unidades de competencia conforma la acreditación de la competencia general.

Una **Unidad de Competencia** se define como una agrupación de tareas productivas específica que realiza el profesional. Las diferentes unidades de competencia de un certificado de profesionalidad conforman la **Competencia General,** definiendo el conjunto de conocimientos y capacidades que permiten el ejercicio de una actividad profesional determinada.

Cada **Unidad de Competencia** lleva asociado un **Módulo Formativo,** donde se describe la formación necesaria para adquirir esa **Unidad de Competencia,** pudiendo dividirse en **Unidades Formativas.**

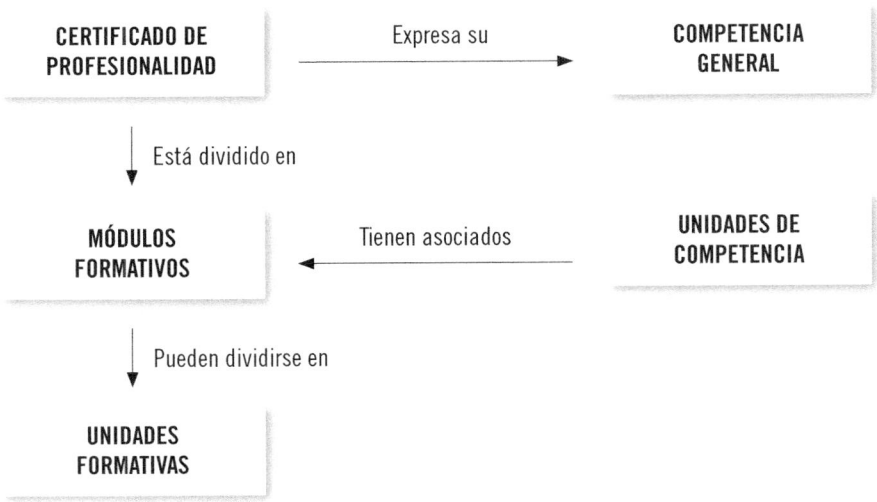

El presente manual desarrolla la Unidad Formativa **UF0539: Montajes en instalaciones domóticas en edificios,**

perteneciente al Módulo Formativo **MF0816_1: Operaciones de montaje de instalaciones eléctricas de baja tensión y domóticas en edificios,**

asociado a la unidad de competencia **UC0816_1: Realizar operaciones de montaje de instalaciones eléctricas de baja tensión y domóticas en edificios,**

del Certificado de Profesionalidad **Operaciones auxiliares de montaje de instalaciones electrotécnicas y de telecomunicaciones en edificios.**

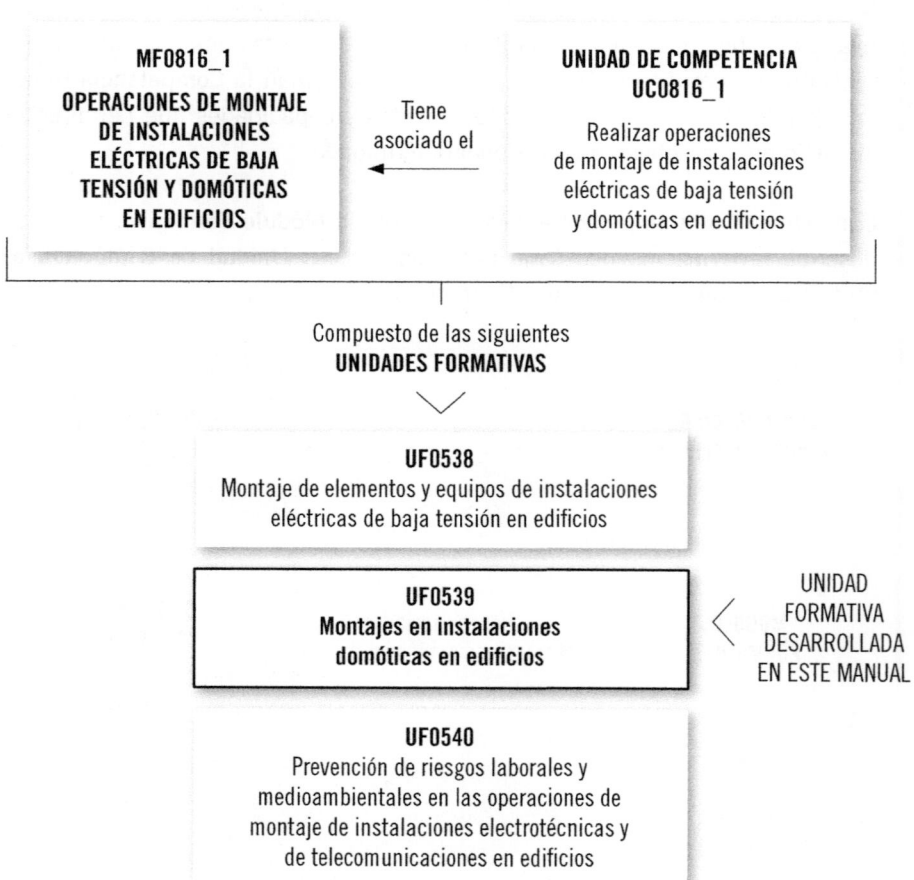

FICHA DE CERTIFICADO DE PROFESIONALIDAD

(ELES0208) OPERACIONES AUXILIARES DE MONTAJE DE INSTALACIONES ELECTROTÉCNICAS Y DE TELECOMUNICACIONES EN EDIFICIOS (R. D. 683/2011, de 13 de mayo)

COMPETENCIA GENERAL: Realizar operaciones auxiliares, siguiendo instrucciones del superior, en el montaje y mantenimiento de instalaciones electrotécnicas y de telecomunicaciones en edificios para diversos usos e instalaciones, aplicando las técnicas y los procedimientos requeridos en cada caso, consiguiendo los criterios de seguridad y calidad, en condiciones de seguridad y cumpliendo la normativa vigente.

Cualificación profesional de referencia		Unidades de competencia	Ocupaciones o puestos de trabajo relacionados:
ELE255_1 OPERACIONES AUXILIARES DE MONTAJE DE INSTALACIONES ELECTROTÉCNICAS Y DE TELECOMUNICACIONES EN EDIFICIOS (R. D. 1115/2007, de 24 de agosto)	UC0816_1	Realizar operaciones de montaje de instalaciones eléctricas de baja tensión y domóticas en edificios	• Ayudante del instalador de equipos y sistemas de comunicación • Ayudante del instalador reparador de instalaciones telefónicas • Ayudante del instalador y reparador de equipos telefónicos y telegráficos • Ayudante del montador de antenas receptoras/televisión satélites • Operario de instalaciones eléctricas de baja tensión • Peón de la industria de producción y distribución de energía eléctrica
	UC0817_1	Realizar operaciones de montaje de instalaciones de telecomunicaciones	

Correspondencia con el Catálogo Modular de Formación Profesional

Módulos certificado	Unidades formativas	Horas
MF0816_1: Operaciones de montaje de instalaciones eléctricas de baja tensión y domóticas en edificios	UF0538: Montaje de elementos y equipos de instalaciones eléctricas de baja tensión en edificios	80
	UF0539: Montajes en instalaciones domóticas en edificios	40
	UF0540: Prevención de riesgos laborales y medioambientales en las operaciones de montaje de instalaciones electrotécnicas y de telecomunicaciones en edificios	30
	UF0541: Caracterización de los elementos y equipos básicos de instalaciones de telecomunicación en edificios	80
MF0817_1: Operaciones de montaje de instalaciones de telecomunicaciones	UF0542: Montaje de elementos y equipos en instalaciones de telecomunicación en edificios	70
	UF0540: Prevención de riesgos laborales y medioambientales en las operaciones de montaje de instalaciones electrotécnicas y de telecomunicaciones en edificios	30
MP0118: Módulo de prácticas profesionales no laborales		80

Índice

Capítulo 4
Sustitución de los elementos averiados en las instalaciones domóticas

Capítulo 1
Sistemas domóticos utilizados en edificios

Contenido

1. Introducción

Este primer capítulo del manual está dedicado a ayudar al lector a comprender y a asimilar un concepto ya cotidiano e inmerso en el vocabulario de hoy día: domótica.

La creciente y rápida implantación de la tecnología en la vida cotidiana hace que se utilice de forma inconsciente.

Por ello, a lo largo del manual, se intentará explicar cómo la seguridad, el confort, o incluso la economía, son aspectos son aspectos directamente relacionados con el término domótica.

Posteriormente se desarrollarán y detallarán todos los componentes que engloba un sistema domótico, desde los sensores por donde se reciben los datos a tratar, hasta los actuadores, que son los encargados de ejecutar las acciones que correspondan, pasando por todos los dispositivos intermedios de control y alimentación que necesitan estos sistemas.

Existen infinidad de ejemplos de sistemas que se verán a lo largo del tema, y que como se ha adelantado, hacen la vida más cómoda y segura, permitiendo ahorrar energía.

2. Sistemas domóticos utilizados en edificios en función de su finalidad

El término domótica implica el control de un sistema desde un punto específico. La definición que se encuentra en el diccionario de la Real Academia Española de la Lengua es la de un "Conjunto de sistemas que automatizan las diferentes instalaciones de una vivienda".

Recuerde

La domótica se define como el conjunto de sistemas informáticos y de telecomunicaciones encaminados a controlar y automatizar total o parcialmente una vivienda en todos sus aspectos como el confort, la seguridad, la comunicación o el ahorro.

Estos sistemas debidamente interconexionados, ya sea mediante cableado o mediante un sistema inalámbrico, y con unas unidades que los controlen es lo que se entiende como una instalación inteligente y en particular, aplicado a la edificación de viviendas, es lo que se llamaría un hogar o edificio inteligente.

No se debe confundir si estos niveles de automatización y control se aplican a cualquier otro edificio que no esté destinado a vivienda, como pueden ser oficinas, museos, hoteles, hospitales, etc., ya que entonces el término que se aplicaría sería el de **inmótica**.

Domótica e inmótica parten de los mismos principios pero se aplican a entornos diferentes.

Los sistemas domóticos en general se encargan de recibir información de los sensores, procesar esa información según las consignas que se le hayan previamente indicado, y emitir las órdenes pertinentes a unos actuadores que ejecutarán la acción. También permiten que el usuario indique cualquier acción en el momento que este estime oportuno aún contradiciendo las consignas predeterminadas.

Posibilidades de la domótica en un hogar convencional

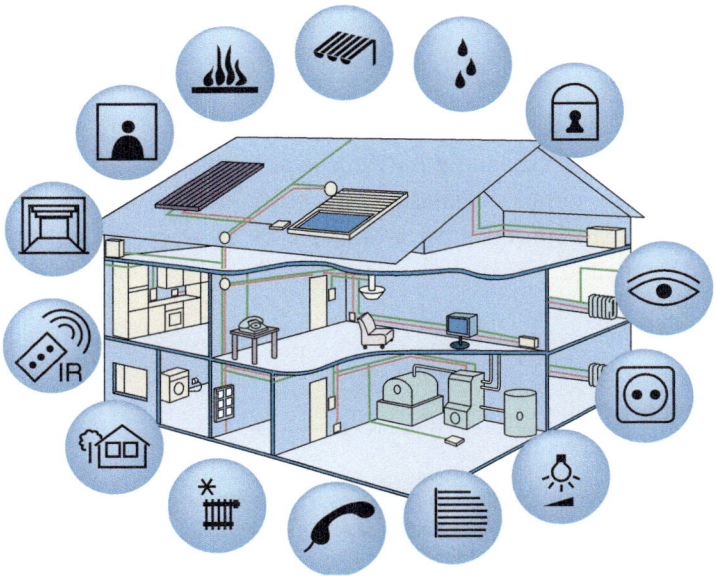

 Nota

Una de las ventajas de los sistemas domóticos es que se integran con la red de energía eléctrica y a partir de ahí se establecen las relaciones coordinadas con las distintas redes que hay en las viviendas.

La domótica cobra importancia en la actualidad para dar respuesta a las necesidades de la sociedad que se encuentra en continuo cambio creando unos hogares a medida del propietario y cubriendo las expectativas de este.

Al igual que la sociedad, la domótica ha ido evolucionando a pasos de gigante en los últimos tiempos, y de hecho, lo que hoy se encuentra en el mercado era impensable hace tan solo unos años. La tecnología ha avanzado y la investigación y el desarrollo en este campo ha dado sus frutos permitiendo que cada día los sistemas domóticos se puedan aplicar en prácticamente todos los aspectos de la vida cotidiana.

Esa evolución se ha visto reflejada igualmente en el precio de los componentes que ha ido bajando y haciéndose accesible a cualquier bolsillo. Esto unido a que los nuevos sistemas son mucho más fáciles de manejar e intuitivos lleva a que sean utilizados por un número de usuarios creciente que buscan calidad y sencillez.

 Nota

El incremento de instalaciones domóticas y su popularización creciente también ha hecho que el personal técnico de instalación se forme y especialice cada vez más y con mayor profundidad, consiguiendo ofrecer un resultado de gran calidad tanto en las instalaciones como en los servicios de mantenimiento y posventa.

Como se ha indicado anteriormente, la domótica juega un papel muy importante cuando se trata de controlar distintos aspectos del entorno como es la seguridad, el confort, las comunicaciones y la economía.

Actividades

1. Ponga cuatro ejemplos de sistemas domóticos que se conozcan. En caso de no conocer ninguno, busque información al respecto.
2. Reflexione sobre si el control de aire acondicionado de un aeropuerto es un sistema domótico.

2.1. Seguridad

Ya desde la antigüedad el hombre le ha dado una gran importancia a su propia seguridad y a la de su familia. Desde épocas prehistóricas los pueblos construían defensas tipo murallas (ya fuese de madera o piedra) y las vigilaban para evitar invasiones e intrusiones. Hay algunos ejemplos que se conservan en la actualidad como la gran muralla china que es una de las obras antiguas más claramente defensiva construida varios siglos antes de Cristo.

Gran muralla china

En definitiva, el ser humano tiende a proteger sus bienes materiales y a su familia y por lo tanto utiliza los medios físicos y tecnológicos a su disposición para tal fin.

La domótica puede dar solución a la necesidad de reforzar la seguridad, y en el mercado se encuentran sistemas enfocados tanto a la protección de las personas como a la de los bienes.

Respecto a la protección de las personas se trata de salvaguardar al individuo de agresiones exteriores por intrusismo y de accidentes domésticos intentando evitarlos, o al menos, reducir sus consecuencias en caso de que se produzcan.

En los hogares existen multitud de riesgos que en determinadas circunstancias pueden poner en peligro a las personas que los habitan como son los incendios, los escapes de gas, cortocircuitos, etc., y para cada uno de esos peligros se pueden encontrar uno o varios sistemas de seguridad que los controlen.

A continuación se exponen algunos de esos peligros y los equipos utilizados para evitarlos.

Fuego

El fuego es uno de los agentes que puede ocasionar mayores peligros, ya que dependiendo de su magnitud puede originar pequeños desperfectos o destruir edificios enteros. En el mercado se encuentran varios sistemas que pueden actuar en cadena (por fases), o de forma simultánea para minimizar o evitar los daños.

Algunos de los equipos más utilizados para la detección de incendios son los sensores de humo. Se sitúan normalmente en el techo y se encargan de detectar cualquier mínima presencia de humo, incluso antes de que el incendio se declare.

Tipos de detectores

Dentro de los detectores se encuentran varios tipos diferentes: los termovelocimétricos, los detectores ópticos de llama, los detectores ópticos de humo y los iónicos.

Detector termovelocimétrico

El funcionamiento de un detector termovelocimétrico se basa en analizar la temperatura de la estancia donde están colocados. Si esa temperatura sube repentinamente por encima de una consigna previamente establecida, el detector se activa y manda una señal a la centralita de control para informar de la incidencia. La temperatura a la que se activa suele ser de una diferencia de 8 ºC en un minuto.

Detector termovelocimétrico de humos

Detectores ópticos de llama

Los detectores ópticos de llama incluyen dispositivos sensibles a la radiación infrarroja y ultravioleta que emiten las llamas y son muy precisos, aunque también un poco caros.

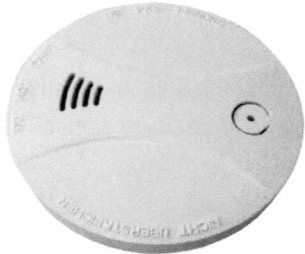

Detector óptico de llama

Detectores ópticos de humo

Estos basan su funcionamiento en la reflexión de la luz en las partículas de humo. En condiciones normales el detector emite haces de luz pero se pierden en el ambiente limpio, sin embargo cuando hay humo esa luz se refleja en las partículas y es recibida por el mismo detector que informa a la centralita.

Detector óptico de humos para colocación en techo

Detectores iónicos

Por último, los sensores iónicos funcionan mediante la ionización del ambiente a través de unas partículas incluidas en el detector. Estos son los más antiguos y actualmente tienden a usarse menos que los ópticos.

Ejemplo de detector iónico de humos

Gases

Los detectores de gases protegen de fugas en las instalaciones de gas de la vivienda o de acumulaciones de CO_2 indeseadas.

Los detectores de gas butano o propano avisan cuando la concentración de ese tipo de gas es más alta de lo que tienen consignado, bien con alarmas sonoras, o bien informando a una centralita.

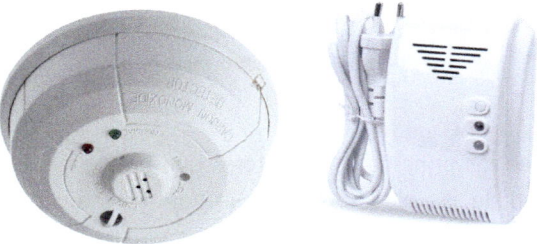

Detector de CO_2 (izquierda) y detector de gases tipo butano, propano o gas natural (derecha)

 **Recuerde**

Los detectores de CO_2 también protegen de concentraciones excesivas de este gas en las estancias de la vivienda.

Alumbrado automático

El alumbrado automático de zonas comunes o privadas como pasillos, escaleras, o estancias de paso es esencial para evitar caídas y tropiezos que pueden llegar a ser graves.

Estos dispositivos suelen ser detectores de presencia que perciben el movimiento y activan las luminarias de la zona que tengan designada. Con ello se consigue la iluminación instantánea de la estancia sin necesidad de pulsar ninguna llave.

Detector de presencia

Estos serían los principales detectores que protegen directamente la salud y la integridad de las personas, aunque hay otros dispositivos que también ayudan a esa protección: estos son las alarmas de salud para personas mayores o la desconexión de enchufes para evitar que los niños pequeños puedan manipularlos.

 Nota

También hay otros sistemas que están diseñados para evitar daños como son las fugas de agua o incendio o la protección anti intrusismo.

Alarma de fugas

Este tipo de alarmas complementan a los detectores de gases y humos. Los sensores de humedad o fugas de agua están destinados a evitar inundaciones en la vivienda que pueden provocar daños en el mobiliario e incluso gastos excesivos en los consumos.

Los sensores se reparten por aquellos sitios que se considera probable algún tipo de fuga como son cuartos de baño, cocinas, cuartos de contadores, etc.

Sensor de humedad

Alarma de intrusión

En el apartado de seguridad frente a la intrusión se pueden encontrar multitud de sistemas diferentes y muy especializados según sea el área o el objeto a proteger.

Tipos de detectores

Detectores de movimiento o volumétricos

Son los más básicos. Instalados en puntos estratégicos informan de desplazamiento de objetos no programados aunque no logran determinar la naturaleza de ese objeto, ya que puede ser un animal, o simplemente una corriente de aire que mueve una cortina. Por lo tanto este sistema, aunque más económico, no es totalmente preciso y puede dar falsas alarmas.

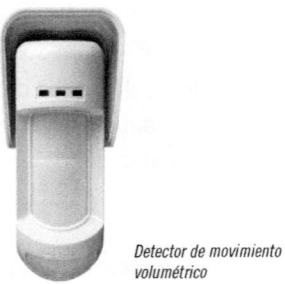

Detector de movimiento volumétrico

Detectores de hiperfrecuencia

Otros detectores que se encuentran en el mercado son los de **hiperfrecuencia.** Estos están diseñados para informar de rotura de cristales y, al igual que los anteriores, no son totalmente precisos ya que no pueden comprobar la veracidad de la información recibida.

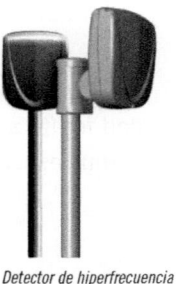

Detector de hiperfrecuencia

Sensores magnéticos

Estos detectan la apertura de puertas o ventanas y permiten ser utilizados como alarma de intrusión, por lo que la centralita informaría a la policía. También se utilizan para desconectar el aire acondicionado evitando pérdidas.

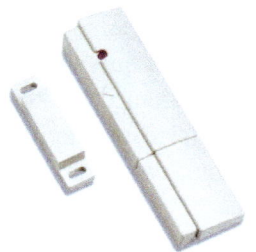

Sensor magnético para puertas y ventanas

Todos los sistemas estudiados son bastante básicos, ya que la mayor parte de ellos no comprueban la veracidad de la información, sin embargo, también se encuentran otros más eficaces, aunque más costosos. Entre ellos destaca el de **videovigilancia.**

 Nota

Se dispone de una gran variedad de cámaras de todo tipo: las termográficas, infrarrojas o las convencionales. Estas por sí mismas no representan un sistema de seguridad ya que deben estar controladas por una centralita domotizada en mayor o menor medida.

La videovigilancia permite la visualización en directo y ofrece la posibilidad de la grabación automática para una posterior reproducción.

Cámaras de vigilancia

Otros dispositivos que se pueden utilizar en una instalación domotizada son aquellos que realizan la simulación automática de presencia en la vivienda mediante el encendido y apagado de luces, el movimiento de persianas motorizadas, o la activación de ciertos electrodomésticos como ventiladores.

Sabía que...

La central de control, al detectar alguna de las alarmas descritas, puede realizar alguna acción en la propia vivienda como el cierre de todas las persianas o activación del sistema contraincendios, y a la vez hacer una llamada de emergencia que avise al usuario o a las autoridades del problema detectado.

Aplicación práctica

Usted se encuentra instalando un sistema de videovigilancia y otro de intrusión, ambos controlados por el mismo dispositivo central. El cliente desea máxima seguridad en su puerta de entrada de modo que cualquier movimiento que se produzca en los alrededores sea captado y grabado.

¿Cómo diseñaría el sistema?

SOLUCIÓN

Al estar trabajando con dos sistemas, pero controlados por la misma centralita, ambas instalaciones se pueden relacionar.

La idea sería instalar un detector volumétrico en la entrada principal, a la vez que una cámara de seguridad que vigile dicha entrada. Ambos dispositivos se darían de alta en la central, pero asociados, es decir, de forma que cuando el detector volumétrico detectara movimiento mandase un impulso eléctrico a la central para que esta diera orden a la cámara de comenzar con la grabación de imágenes.

Aplicación práctica

En el proceso de instalación de un sistema domótico para una escuela taller en donde se combinan talleres de forja, carpintería y cocina se necesita implementar la parte del control de incendios y de gases.

¿Qué tipo de detectores utilizaría en cada caso?

SOLUCIÓN

Al estar en unas dependencias en las que el fuego y/o explosiones (como consecuencia de este) pudieran ser generados de diversas formas habría que emplear un tipo de detector dependiendo de la habitación en donde fuese a ser instalado:

Carpintería: detector óptico de llama, ya que el posible origen del fuego podría venir principalmente de la combustión de la madera almacenada.

Taller de forja: sería interesante disponer de un termovelocimétrico, ya que es una dependencia que normalmente se encuentra a altas temperaturas y cualquier chispa puede generar un fuego fácilmente propagable.

Cocina: lo ideal sería la colocación de detectores de gas propano/butano, ya que los incendios y explosiones se originan principalmente por los escapes de estos tipos de gases.

Actividades

3. Identifique un catálogo de detectores de incendio y escoja un modelo de detector iónico y otro óptico. Analice sus similitudes y diferencias en base al precio que presenta cada uno.
4. Señale qué tipo de detector colocaría en una carpintería. Elija ente un detector de gases o de CO_2.
5. Busque información acerca de una propiedad que presentan los detectores volumétricos denominada "antimascotas".
6. Encuentre información sobre cámaras de videovigilancia analógicas y digitales y compare las características de unas y otras.

2.2. Confort

Según el diccionario confort es "todo aquello que produce bienestar y comodidad". El confort ha ido ganando protagonismo en el terreno de la domótica, ya que en un principio los sistemas iban dirigidos a ofrecer seguridad.

Domotizando una vivienda se puede llegar a obtener un altísimo grado de confort ya que la tecnología disponible así lo permite, por lo tanto, la decisión irá más encaminada a elegir la opción dependiendo de su cuantía económica.

En este apartado se desarrollarán los sistemas más habituales que hay en una vivienda: control de iluminación, el control térmico, control de electrodomésticos o el control del riego. Aunque no hay que olvidar que hay otras muchas cosas que se pueden regular con sistemas domóticos ya que cualquier dispositivo puede ser administrado por una centralita, previamente configurada con los parámetros que se necesiten aplicar, o mediante el control remoto, a través de redes cableadas, o de redes inalámbricas que pueden estar conectadas a Internet o simplemente a la línea telefónica. Incluso algunos sistemas permiten su uso sin conexión, por ejemplo, los mandos a distancia.

Control de iluminación

La iluminación en las viviendas se consigue a través de iluminación natural e iluminación artificial. El control coordinado de una y otra proporcionará el grado de confort deseado.

Mediante un mando a distancia se pueden controlar una o varias bombillas.

Tipos de dispositivos de control de luz natural

Luz natural es toda aquella que llega al interior de la vivienda a través de ventanas, puertas, patios, lucernarios, etc. Existen multitud de dispositivos que controlan esa entrada de luz dependiendo del hueco que pretendan proteger, destacando toldos y persianas.

Toldos

Los toldos son dispositivos con una gran versatilidad ya que se pueden adaptar prácticamente a cualquier situación. Se distinguen entre toldos fijos o móviles. Los móviles se controlarán mediante motores que contraerán o extenderán el toldo según la necesidad. Estos pueden disponer de algún sistema de seguridad, como por ejemplo, la protección contra el viento excesivo que se consigue instalando un anemómetro tarado a una cierta velocidad de viento por encima de la cual hace que el toldo se retraiga impidiendo así su rotura y por consiguiente, evitando daños materiales o personales.

Sistema de toldo en exterior de la vivienda que consigue evitar la entrada directa de luz solar

Nota

Estos dispositivos conectados a una centralita domotizada permiten abrir y cerrar los toldos a una hora determinada dependiendo del sol incidente en ese momento.

Persianas

Algo similar a los toldos son las persianas que mayormente se usan en puertas y ventanas y ofrecen un mayor grado de protección ya que interiormente pueden tener aislante térmico.

Corte transversal de una persiana donde se pueden apreciar el mecanismo de recogida y las guías

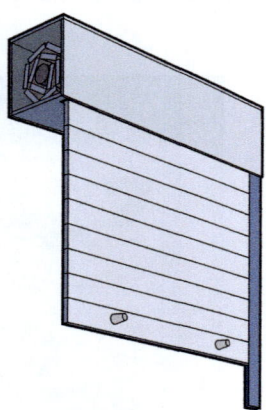

Las persianas se pueden controlar manualmente o mediante motores alojados en el eje de la propia persiana o en las cintas que las recogen.

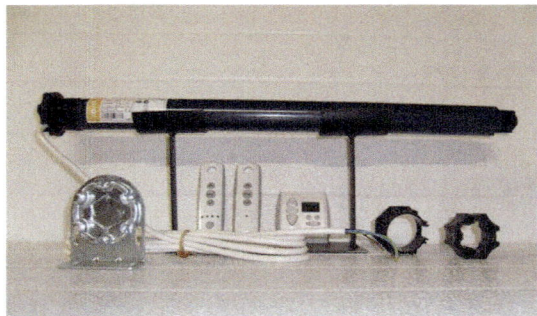

Motor instalado en el eje del tambor de recogida de la persiana

Al igual que ocurría con los toldos, las persianas se pueden controlar mediante su conexión a centralitas domotizadas o mediante sistemas inalámbricos como mandos a distancia.

En el ámbito de la seguridad las persianas también juegan un papel clave al existir una amplia gama de persianas blindadas o con alto grado de protección que evitan la intrusión, y al igual que las anteriores pueden ser controladas.

Ejemplo de persiana blindada de lamas horizontales

Por otro lado los elementos como patios de luces, claraboyas y lucernarios pueden ser regulados por uno o varios de los dispositivos anteriormente descritos impidiendo o dejando pasar la luz natural.

Sabía que...

Estas protecciones frente a la luz externa también proporcionan protección frente a la temperatura y por lo tanto permiten su control.

Tipos de dispositivos de control de luz artificial

Es recomendable diseñar las viviendas pensando desde el principio en su control domótico, ya que facilita enormemente su instalación y regulación, sin embargo, también se pueden llevar a cabo instalaciones de iluminación domotizadas una vez que ya está hecha la instalación principal mediante unas adaptaciones.

Si se parte de la base de que la instalación se diseñó para controlarse mediante domótica todas las fuentes de iluminación estarán conectadas a una o varias centralitas que permitirán intuitivamente su control.

Ejemplo

Una aplicación muy usada es la creación de los llamados ambientes o escenas y consiste en crear en la centralita patrones de uso.

Se le puede indicar a la centralita que para la escena "cine" se bajen todas las luces hasta quedar a un 10 % de su potencia, o que para la escena "comida" se suban al 100 % las luces del salón-comedor y la cocina. Teniendo en cuenta esto se puede dar la versatilidad y variedad de usos que cada persona imagine.

Continúa en página siguiente >>

<< Viene de página anterior

El control de iluminación interior también ofrece la posibilidad de refuerzo de la seguridad mediante la programación horaria de encendido y apagado aleatorio de distintas luminarias para conseguir una simulación de vivienda habitada durante los periodos que realmente está deshabitada.

 ## Aplicación práctica

En la configuración de un sistema domótico orientado al confort, el cliente desea que el sistema tenga las siguientes características:

Que las tres persianas del salón bajen completamente, y las dos lámparas de luz se atenúen al 10 % cuando se quieran ver películas de cine.

Que a las 17.00 horas las persianas se suban por completo para aprovechar toda la luz en los meses de invierno.

Que a las 20.00 horas las persianas se suban por completo para aprovechar la luz en los meses de verano.

¿Cómo diseñaría el sistema?

Continúa en página siguiente >>

<< Viene de página anterior

SOLUCIÓN

El sistema de confort estará controlado por una centralita, por tanto se deberán crear tres escenarios diferentes:

Escena cine: en donde se configuren las persianas 1, 2 y 3 del salón al nivel 0 de subida, además, las lámparas 1 y 2 se configurarán al 10 % de luz.

Escena invierno: en el interfaz cronológico de la central se marcará que en los meses de diciembre, enero y febrero el sistema trabaje con la escena invierno, en la que se configurará que las persianas sean subidas al máximo a partir de las 17.00 horas.

Escena verano: en el interfaz cronológico de la central se marcará que en los meses de junio, julio y agosto el sistema trabaje con la escena verano, en la que se configurará que las persianas sean subidas al máximo a partir de las 20.00 horas.

Control de climatización

La climatización de las viviendas es un punto de gran importancia sobre todo en climas extremos (tanto por exceso de frío como de calor). Los sistemas de climatización utilizan muchos de los dispositivos empleados en iluminación, ya que en realidad la función de control de la temperatura está íntimamente relacionada con el control de la luz.

 Nota

En climas extremos la climatización se hace casi indispensable, pero en climas más moderados se utiliza para proporcionar los niveles de confort y bienestar deseados.

Se destacan dispositivos como toldos, persianas, lucernarios y claraboyas. Estos son muy importantes en el control térmico de edificios porque el sol es una fuente de energía muy potente y bien usada permite el ahorro de energía en iluminación.

Conociendo la zona climática y la orientación de la vivienda se podrá configurar la central domótica para que abra y cierre toldos y persianas dependiendo de la estación del año e incluso variar esos parámetros a lo largo del día dependiendo si hay mayor o menor cantidad de nubes.

 Importante

Todo esto se controlará instalando sensores de luz, temperatura, lluvia y viento, tanto en el exterior como en el interior conectados a la centralita y que serán los parámetros que utilizará el sistema para actuar en consecuencia.

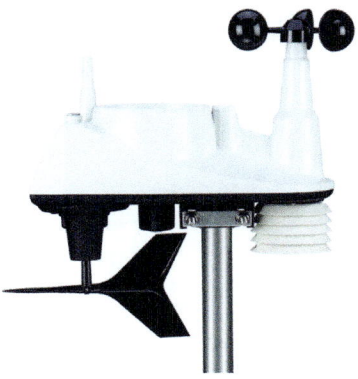

Este detector mide velocidad del viento, luminosidad y temperatura informando a la centralita.

Por otro lado estarán los sistemas de climatización que consumen energía como son las máquinas frío-calor por aire, los sistemas de calefacción por radiadores, el suelo radiante, o las chimeneas o estufas de biomasa.

Chimenea tradicional (izquierda) y aparato de aire acondicionado (derecha)

Estufa de biomasa como pellet, viruta, o hueso de aceituna

Una vez conectados todos estos equipos al sistema domótico, y mediante los programas informáticos que incluyen, se podrá alternar el uso de unos y otros buscando el equilibrio con el menor gasto posible.

Ejemplo

Si una vivienda no está en uso durante la semana y se prevé su utilización en fin de semana se puede indicar que unas horas antes de la entrada del usuario conecte los sistemas de climatización a la temperatura deseada.

Control del riego y electrodomésticos

El control de riego permite llevar a cabo la programación de las horas de riego, sobre todo en jardines que por su tamaño resulta complicado y costoso hacerlo de forma manual.

El control del riego se realiza mediante sondas o sensores que informan a la centralita sobre el estado del jardín a controlar, y esta, con los parámetros que el usuario ha indicado, establece unas actuaciones determinadas: apertura de aspersores, goteos, etc. Las órdenes las reciben unas electroválvulas que se controlan con dispositivos electrónicos que abren o cierran circuitos de agua.

Las electroválvulas permiten la apertura o cierre mediante un impulso eléctrico.

Otro punto que se puede regular mediante sondas de humedad es el de fugas indeseadas. Durante la ausencia del propietario existe la posibilidad de que se produzca una avería en alguna conducción de agua y esta empiece a perder agua, pues bien, en este caso la centralita lo detecta y puede ordenar el corte general de agua automáticamente e informar al usuario de la incidencia detectada.

También se ha hablado del control de electrodomésticos en las viviendas. Este consiste en conectar aquellos aparatos que se necesiten controlar a la centralita domótica. Una vez que se tienen programados se puede configurar para que inicien su funcionamiento en momentos determinados según haya indicado el usuario.

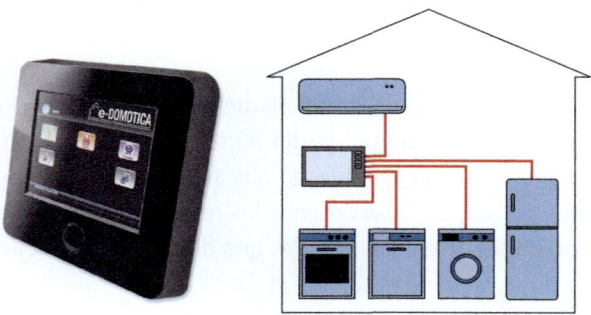

Panel de control y esquema de control de electrodomésticos

En este aspecto se podría conectar cualquier electrodoméstico, aunque lo que mayor uso tiene es el control de lavadoras, secadoras, hornos, lavavajillas, ventiladores, etc. Una programación horaria permitiría al usuario que a su llegada a la vivienda ya estuviese la comida preparada o la colada lista para tender.

Actividades

7. Reflexione sobre si un sistema domótico puede combinar varios elementos de confort en una misma instalación.
8. Indique cómo es posible que desde un mismo punto de control se puedan controlar dos electrodomésticos distintos sin que se confundan las instrucciones. Reflexione sobre el elemento de control que intervendría.
9. Busque información sobre las aplicaciones industriales que hoy día tiene la biomasa.
10. Investigue sobre cómo la electroválvula puede convertir instrucciones que le llegan de origen eléctrico en acciones mecánicas.

2.3. Economía

El panorama energético mundial está pasando por un mal momento debido al excesivo consumo y al agotamiento de las reservas tanto de petróleo como de gas natural. Esto lleva a reconsiderar las políticas energéticas a gran escala como son las nacionales, pero también lleva al pequeño consumidor final a ir pensando en el ahorro de energía para bajar la facturación creciente.

Las reservas de combustible están llegando a su fin.

Según los últimos informes de REE (Red Eléctrica de España), se deduce, que el consumo doméstico en los hogares españoles aumenta año tras año, pese al encarecimiento paulatino de este tipo de energía. Todo ello, se debe a que los hogares necesitan cada vez más suministro eléctrico para poder desempeñar adecuadamente las exigencias que los usuarios finales hacen de ellos, y por ende, aumentan la demanda aún estando limitadas las fuentes de creación de energía eléctrica en el país.

Importante

Es sencillo llegar a la conclusión de que la eficacia energética debe ser cada vez mayor e ir en consonancia con el empleo de aparatos mucho más eficaces. Las empresas implicadas, invierten cantidades ingentes de dinero en el desarrollo y potenciación de sus productos, con la única intención de reducir el consumo de los mismos, y facilitar al cliente potencial de nuevos hábitos de empleo de la energía eléctrica.

Monitorización

La monitorización consiste en poder ver gráfica o numéricamente todos los consumos por separado de las viviendas en tiempo real y, por supuesto, en parciales por tramos temporales (como es el mes).

Existen multitud de modelos de monitores para controlar el consumo.

Mediante esta técnica se analiza el consumo individualizado, se puede detectar la calidad de la energía que llega a la vivienda, y se puede controlar, en el caso de que se produzca energía, la cantidad y calidad que se vuelca a la red eléctrica.

- Analizar el consumo permite ver cada aparato que se tiene instalado en una vivienda, su gasto, y los horarios en que se utiliza. Con esto el usuario puede redefinir las horas de uso de esos aparatos para evitar picos de consumo o que se utilicen en horarios en que la energía es más económica.
- También se pueden detectar averías individualizadas o descubrir consumos anómalos sin que se haya producido avería y corregirlos rápidamente.
- El análisis de la calidad del suministro sirve más a la compañía eléctrica que al propio consumidor, aunque este puede observar o limitar los picos de tensión que se puedan producir.
- Por último, el control de la energía que puede llegar a producir una vivienda por distintos medios, como por ejemplo las placas solares, aerogeneradores, o cualquier otro sistema también beneficia al usuario ya que lo mantiene informado de la cantidad de energía aportada a la red eléctrica y a su vez le sirve de alarma ante un problema o avería del sistema.

Venta, calidad y consumo coinciden en la monitorización

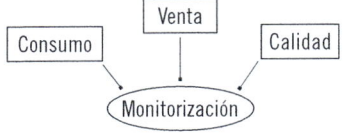

Ahorro

Un sistema domótico bien programado conlleva el ahorro de energía eléctrica: iluminación, climatización y ahorro de agua son los tres factores sobre los que se puede incidir para conseguir un menor gasto.

La iluminación de las viviendas permite actuar sobre varios puntos. En primer lugar, la sustitución de todo tipo de luminarias por otras más eficientes como son los LED. Tras este paso se habrá reducido muy considerablemente el gasto. Seguidamente se deberán poner en práctica varias medidas complementarias como la creación de *escenas* para lograr un menor consumo en las habitaciones. Mediante los sensores de luz se conseguirá coordinar la actuación de toldos y persianas con la iluminación artificial.

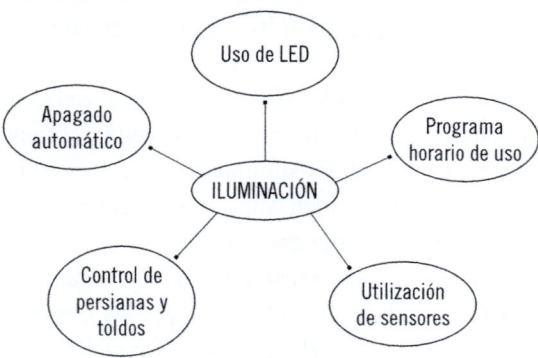

Abanico de posibilidades que ofrece el control de iluminación

La climatización es otro factor sobre el que se puede actuar para el ahorro. Hay que tener en cuenta que muchos sistemas de calefacción utilizan combustibles fósiles que una vez quemados son muy perjudiciales para el medio ambiente.

 Nota

La mayor parte del ahorro se consigue mediante sensores y una programación del uso adecuándolo y limitándolo en las horas que no sea necesario.

La colocación de sensores de gases (butano, propano, etc.) permitirá el corte del suministro en caso de fugas o consumos anómalos obteniendo un ahorro si se producen averías.

Se necesitan de cada uno de los factores representados para tener un control efectivo de la climatización

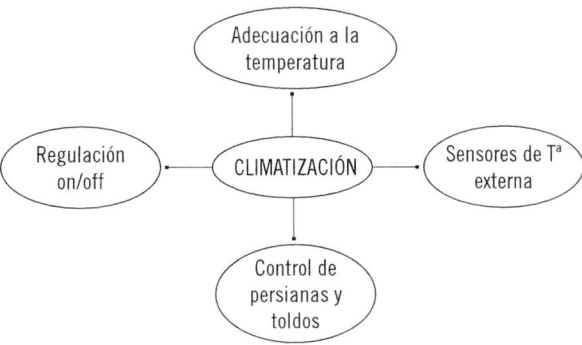

Un factor más que permite un ahorro en la vivienda es la regulación y control del consumo de agua. Si se controla el riego instalando sensores que informen de la humedad del suelo y se instala un control que corte el suministro en caso de avería o rotura de tubería se estará consiguiendo una optimización del consumo.

El control del agua se puede monitorizar por cada uno de los factores representados de forma independiente. No ocurre como con la climatización que se aconseja que todos se implementen simultáneamente.

 **Actividades**

11. Busque información sobre cuál ha sido la ciudad española otorgada con el distintivo de capital verde Europea gracias a la eficiencia energética que desarrolla.
12. Investigue sobre el tiempo que se necesita para amortizar la inversión que se destina a la instalación de sistemas domóticos. Seleccione dos ejemplos.

3. Elementos del sistema domótico

Cuando se habla de sistema domótico no se hace referencia a un solo elemento aislado que lo engloba todo, sino que por el contrario, se trata de un conjunto de elementos intercomunicados entre sí y configurados de una determinada manera para conseguir que realicen una acción que desea el usuario.

Este conjunto de elementos no actúa de forma individualizada sino en cadena, ya que cada uno de ellos aporta algo indispensable al sistema completo y sin alguno de ellos el sistema no funcionaría.

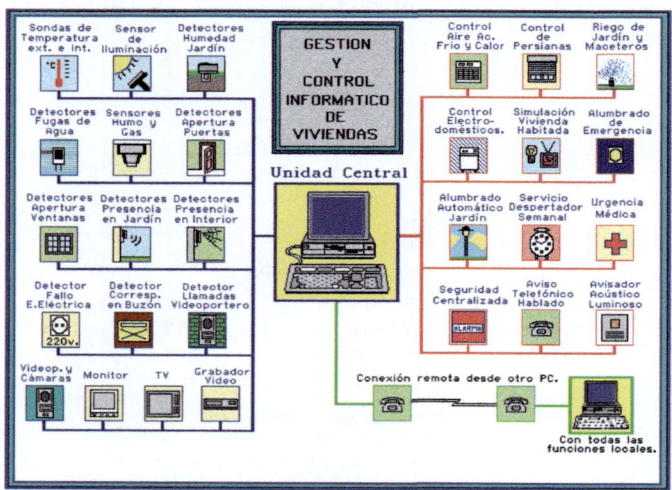

Ejemplo de un sistema domótico

En el esquema anterior se observa un ejemplo de sistema domótico. Desde la parte izquierda parte la información recibida por los sensores que llega al controlador a través de un bus (así se denominan los elementos que transmiten la información entre dos puntos del sistema) mediante una interfaz de entrada para posteriormente una vez procesada la información salir mediante la interfaz de salida a través de otro bus hacia los actuadores que están en la parte derecha y que son los que ejecutan la acción determinada. Todo ello, por supuesto, necesita un aporte de energía que se hace a través de la fuente de alimentación.

Ciclo de vida de una señal en un sistema domótico, desde que nace, hasta que termina en el actuador

3.1. Controlador

El controlador es la unidad central de una instalación domótica y la más importante. Es la que procesa toda la información que aporta el sistema completo. El controlador es en realidad un ordenador con un *software* específicamente diseñado para la gestión de una instalación.

 **Nota**

Este ordenador no se debe considerar como los habituales de uso doméstico, sino que puede ir desde un pequeño dispositivo del tamaño de un teléfono móvil, que solo controle alguna función como la de subida y bajada de persianas, a otros muy grandes dedicados a controlar edificios completos.

En domótica a los controladores se les suele llamar nodos. Estos nodos pueden actuar aisladamente, por lo que entonces se denominan control centralizado, o en cambio, actuar de forma coordinada, recibiendo el sistema el nombre de distribuido.

A continuación se muestran dos esquemas muy gráficos, el primero es un sistema centralizado y el segundo distribuido.

Sistema centralizado

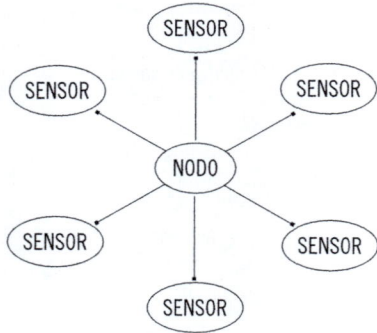

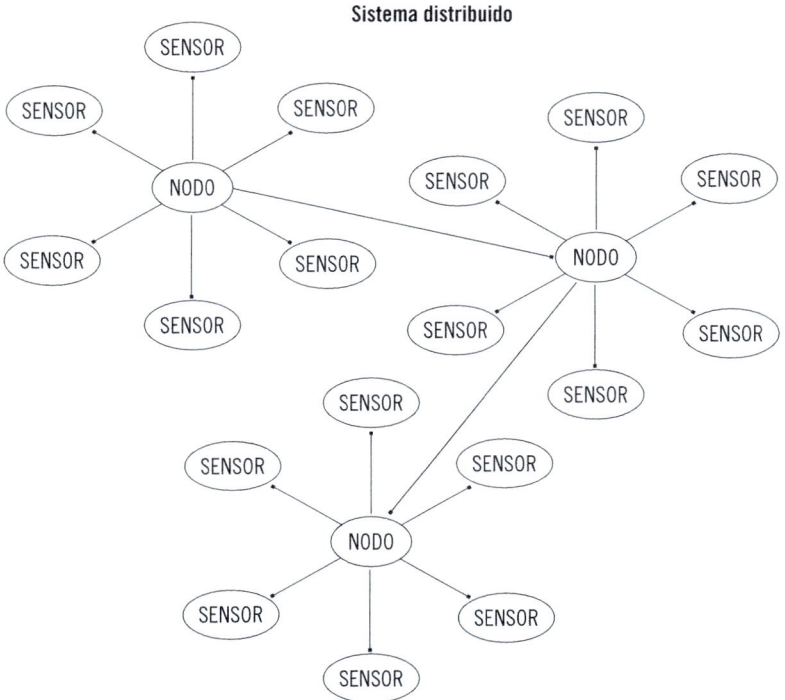

A nivel internacional no está unificado el lenguaje que utilizan los sistemas domóticos para comunicarse debido a que su desarrollo se ha producido por cada marca comercial de forma individual.

 **Importante**

Hay que tener en cuenta que dos sistemas de marcas diferentes normalmente no podrán trabajar en la misma instalación.

Los controladores domóticos constan interiormente del *hardware,* que es en realidad quien realiza todas las acciones, y exteriormente tienen unos controles para que el usuario pueda modificar el sistema.

Estas carcasas externas han ido evolucionando a la par que la tecnología. Hace unos años, al igual que los ordenadores, eran muy simples y toscos, pero en la actualidad se pueden encontrar controles con pantalla táctil y tres dimensiones.

También han ido reduciendo su tamaño debido a la aparición de micro-chips cada vez más pequeños y con más funciones posibles, lo que antes ejecutaba una sola acción hoy se ha multiplicado por cien y es imposible prever hasta dónde llegará.

Hardware de un controlador

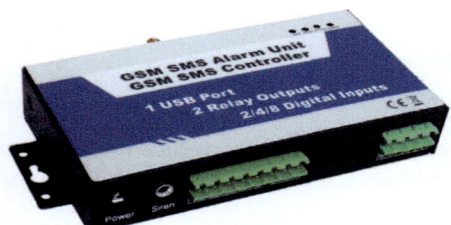

Controlador con GSM para uso mediante telefonía móvil

Como se puede ver en las imágenes anteriores, el interior de una centralita domótica es muy parecido a cualquier ordenador doméstico, ya que consta de unos componentes muy similares.

 Nota

Las siglas GSM indican que el dispositivo en cuestión, está diseñado para poder ser controlado mediante telefonía móvil.

En los laterales de los controladores se encuentra la interfaz de entrada y la interfaz de salida a las que se conectarán los bus de comunicación mediante las conexiones propias de cada modelo en concreto. Esas entradas y salidas variarán en número según el modelo elegido adaptado a las necesidades del usuario.

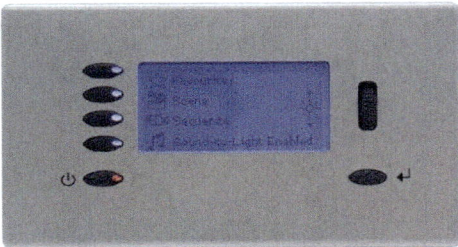

Panel frontal tradicional

Panel frontal moderno

El panel frontal es la parte visible del controlador domótico y es lo que permite al usuario comunicarse con él, es decir, son los mandos de control de la instalación.

Recuerde

El controlador es la parte más importante del sistema domótico. A cada controlador se le denomina nodo.

Actividades

13. Encuentre a través de catálogos comerciales, o mediante otro medio, dos tipos de fabricantes de sistemas domóticos basados en sistemas centralizados, y otros dos de sistemas distribuidos.
14. Señale qué sistema de los mencionados es más caro.

3.2. Sensores

Dentro del sistema domótico, los sensores son los encargados de captar la información que se encuentra en el entorno de la vivienda. Recogen las señales y las envían al controlador para que las analice y procese antes de dar la información a los actuadores, si fuese necesario.

Tipos

El mercado ofrece una gran variedad de tipos de sensores dependiendo de la finalidad que busque el usuario y según la señal que deban captar.

Pulsador

Este sensor informa al controlador de que algún usuario ha mandado una señal al sistema mediante la activación de ese pulsador que, físicamente, puede ser como un interruptor de pared habitual (aunque los nuevos diseños son más futuristas).

Los pulsadores modernos no son mecánicos sino táctiles.

Detector de movimiento

Este se activa cuando observa un movimiento de objetos dentro de su campo de acción e informa al controlador mediante el bus.

Detector de movimiento con protección para la lluvia

Sensor de temperatura

En este caso se puede controlar la temperatura ambiente o la de algún dispositivo. Al igual que los anteriores avisa cuando la temperatura cambia o se sale del rango marcado.

Ejemplo de sensor de temperatura

Sensor crepuscular

Mide la intensidad de la luz que hay en el ambiente, también trabaja con rangos de intensidad y se suele utilizar para la gestión de iluminación modificando la posición de toldos, persianas y luminarias.

Sensor crepuscular

Sensor de viento y lluvia

Se coloca en exteriores (la mayor parte de las veces) para la protección de toldos y persianas enviando una señal a la centralita de control cuando se rebasan ciertos límites previamente establecidos.

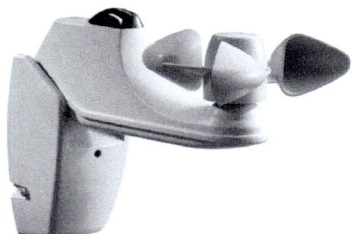

Detector de velocidad de viento y sensor de lluvia

Programadores horarios

Sirven para establecer unas horas de funcionamiento y parada de cualquier dispositivo. Pueden ser programados para largos periodos de tiempo según los modelos.

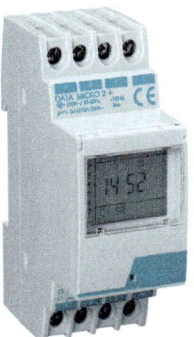

*Programador horario para colocar
en carril din*

 Recuerde

El interface de salida es la forma mediante la cual las personas se comunican con el sistema domótico. Desde este interface se recibe información y se programa el funcionamiento de todo el conjunto.

Sensor de humedad

Colocado normalmente en cocinas y cuartos de baño permite detectar una fuga de agua indeseada avisando al controlador del incidente. Otro uso de estos sensores es en jardines para controlar la humedad del suelo y programar el riego.

Sensor de humedad para jardín

Los expuestos son algunos de los sensores más comunes y utilizados en una instalación domótica convencional, aunque hay otros muchos que tienen aplicaciones específicas y que, en cada caso, se tendrá que estudiar la situación particular para decidir el que conviene para una determinada la instalación.

3.3. Interface de entrada

Las interfaces tanto de entrada como de salida son las conexiones que utiliza un sistema domótico para comunicarse con el exterior, o con otros sistemas. En concreto, las interfaces de entrada equivaldrían a clavijas especiales, normalmente diseñadas por cada marca comercial, para que cumplan la misión de transmitir la información lo más fielmente posible.

Recuerde

Están destinadas a introducir las señales de comunicación en el equipo controlador de la instalación o en el sistema en general, es decir, son la puerta de entrada de la comunicación.

Tipos

En domótica destacan como interfaces de entrada las que se detallan a continuación.

USB

El tan conocido dispositivo USB podría ser considerado una de las interfaces de entrada de señales de comunicaciones de sistemas domóticos. Su amplia difusión, y su penetración en casi cualquier dispositivo electrónico, han hecho de él uno de los más usados.

Cualquier dispositivo con este distintivo indica que está preparado para recoger datos por interfaz USB

Entrada RJ45

La entrada RJ45 es la entrada estándar de las redes de comunicaciones de datos. Es el tipo de entrada empleada para los cables de redes de ordenadores, no obstante, la amplia difusión de este tipo de red ha hecho que se use para sistemas domóticos, por lo que igualmente se necesitará que los equipos domóticos dispongan de este tipo de interfaz.

Además, aún no usando estas entradas para las comunicaciones propias del sistema domótico, se suele disponer de dichas entradas, ya que el sistema en alguna ocasión deberá comunicarse o con un ordenador, o con cualquier equipo mediante red de datos.

Cableado de una instalación insertado en interfaces RJ45

Interfaz de pines

Las interfaces de pines son las destinadas a anclar el cableado domótico directamente, sin ningún tipo de conector concreto. Cada uno de los hilos que componga el cableado de la instalación se fijará en el pin correspondiente del dispositivo, y este, mediante cualquier elemento de sujeción tipo pestaña o tornillería, los sujetará firmemente.

Dispositivo domótico con una interfaz compuesta por 8 pines que sujeta el cableado de la instalación mediante tornillería.

3.4. Interface de salida

Tanto la interfaz de salida como la de entrada son los medios por los que el sistema domótico se comunica con el exterior.

Si la interfaz de entrada está más orientada a introducir señales eléctricas en el sistema, la interface de salida se destina a la comunicación que la instalación pudiera tener con el ser humano. Es decir, es la forma que tendrá la domótica de interactuar con las órdenes y configuraciones que el cliente necesite comunicar a la instalación.

Esta interface, por tanto, tendrá un aspecto visual amigable, y orientado a que el ser humano lo entienda, interprete y maneje fácilmente, sin la necesidad de que este disponga de conocimientos avanzados de informática, electricidad o de telecomunicaciones.

 Nota

Sería contraproducente e iría en contra de los principios del negocio de la domótica si no se persiguieran interfaces cada vez más usables y amigables para el ser humano.

Como ya se sabe, un ejemplo de este tipo de interfaces son los paneles frontales o las pantallas táctiles.

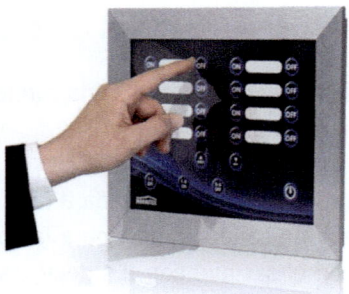

Interfaz de salida consistente en una pantalla táctil

No obstante, muchos sistemas domóticos no disponen del elemento interfaz de salida como tal, sino que al estar implementados muchos de ellos por auténticos equipos informáticos son los paquetes *software* los que se instalan en estos, y desde cualquier equipo conectado en la red domótica se accede a la interface desarrollada por el fabricante.

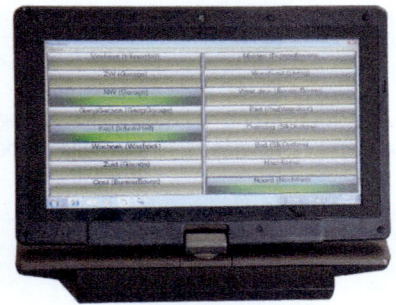

Muchos sistemas domóticos disponen de interface de salida accesible desde PC.

Recuerde

Los sensores captan información de un entorno y la introducen en el sistema domótico, pero algunos son accionados de forma mecánica. Por ejemplo: pulsador y programadores horarios

Actividades

15. Reflexione sobre cómo una interfaz de salida consistente en pantalla táctil puede ser integrada en un sistema domótico.
16. Explique qué consecuencias acarrearía un sensor en mal estado de un sistema domótico.
17. Investigue sobre el tipo de cableado que necesitaría una red domótica basada en interfaces de entrada RJ45.
18. Busque información sobre el concepto "usabilidad" y reflexione sobre la importancia del mismo aplicado en las interfaces de entrada de un sistema domótico.

Aplicación práctica

En la fase final de una instalación domótica en una oficina necesita configurar los puntos de control de la misma (número de interfaces de entrada). Sabiendo que estos serán vía *software* desde los equipos informáticos que disponga la red, ¿cómo procedería?

SOLUCIÓN

Establecer los puntos de control de un sistema domótico es una tarea muy delicada. Normalmente, solo unos pocos usuarios deben tener permiso de configuración, activación de alertas, etc., en definitiva, de controlar la instalación, ya que de no ser así cada usuario haría y desharía a su antojo.

Por tanto habría que entrevistarse con la persona de contacto principal del proyecto para que transmitiera qué usuarios y desde qué equipos se debe administrar la instalación.

El *software* de acceso a la interface de la instalación se ubicaría solo en los equipos informáticos autorizados, y para cada usuario se darían los permisos correspondientes de configuración, altas, bajas, etc. que el cliente determinara.

3.5. Actuadores

Estos dispositivos son los encargados de recibir información a través de un bus para ejecutar la acción para la que han sido diseñados. Igual que en el caso de los sensores se pueden encontrar en el mercado infinidad de tipos y modelos distintos y con gran variedad de funciones, de hecho, se pueden encontrar actuadores que solo ejecutan una acción y otros que son multifuncionales.

Dada la amplia gama que existe, el usuario y el proyectista tendrán a su disposición actuadores para cada situación concreta abriéndose así el campo de aplicación y las posibilidades de diseño.

Tipos

El siguiente esquema muestra los tipos de actuadores principales y cómo funcionan.

Tipos de actuadores

TODO O NADA	Son de tipo relé, abren o cierran contactos
ANALÓGICOS	Envían una señal eléctrica de voltaje y amperaje determinado
DIGITALES	Envían una señal digital

A continuación, se van a mostrar y explicar algunos de los actuadores más habituales en la instalación eléctrica de una vivienda tipo.

Sirenas de alarma

El actuador en este caso hace sonar la señal de alarma acústica y/o luminosa tras recibir la información de la centralita.

Sirena acústica y luminosa

Reguladores de luminosidad

Estos responden a la señal variando la intensidad de la iluminación para adaptarla a las necesidades de la vivienda. Estos dispositivos pueden actuar sobre luminarias de todo tipo, incluso las fluorescentes, aunque difieren algo de los anteriores.

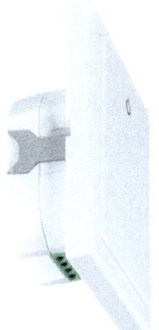

Regulador de luminosidad inalámbrico

Actuador de persiana

Suelen estar incluidos en el mismo eje donde se enrolla la persiana, por lo que pasan desapercibidos, aunque en otras ocasiones se instalan en el mismo recogedor de la cinta de la persiana. Estos últimos son de fácil montaje y se pueden instalar a posteriori sin necesidad de desmontar la persiana completa.

Motor para recogida de persiana colocado en el recogedor de la cinta

Electroválvulas

Son dispositivos que abren o cierran una válvula (ya sea de agua o de gas) tras recibir un impulso eléctrico desde la centralita de control a través del bus de enlace. Se usan tanto en interior de viviendas como en exteriores para jardinería y otros usos.

Electroválvula

Contactores

Los contactores son dispositivos que se activan con una pequeña señal eléctrica y lo que hacen es cerrar o abrir circuitos eléctricos con el propósito de activar o desactivar luminarias, motores, electrodomésticos, etc.

Contactor para motor

Control de climatización

Se encuentran los actuadores para sistemas de climatización por tuberías y los que están diseñados para sistemas eléctricos de climatización. Los primeros en su mayoría son contactores y electroválvulas que van regulando las entradas de agua a los circuitos según las necesidades, y los segundos son *displays* electrónicos que modifican los parámetros de frío/calor según la orden que emita la centralita.

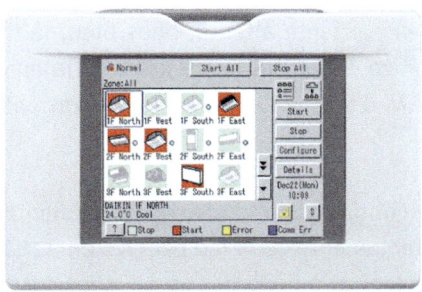

Display de control de climatización

Aplicación práctica

En la configuración de una instalación domótica necesita controlar el riego del jardín, ya que el cliente le ha pedido que sea automático.

¿Cómo configuraría la instalación en base a sensores y actuadores?

SOLUCIÓN

Para controlar el riego del jardín de forma automática se necesitará un temporizador para configurar el periodo de tiempo en el que se desea que el jardín sea regado.

Este temporizador se conectaría a la electroválvula (pasando siempre por el controlador central) a la que se le mandaría un pulso de apertura y otro de cierre según el periodo de riego establecido.

Además se podría incluir una sonda de inundación, de modo que si por cualquier motivo el agua subiera a unos niveles peligrosos, la sonda lo detectara, mandara un pulso eléctrico avisando de este hecho a la central, y esta pudiera conectar con una sirena previamente instalada para que alertara del peligro de inundación.

3.6. Fuentes de alimentación

Las fuentes de alimentación son dispositivos encargados de suministrar energía eléctrica a un determinado voltaje y amperaje. Se parte de la base de que el suministro eléctrico es el que llega desde la acometida de la red eléctrica a 230 V en corriente alterna, pues bien, la fuente de alimentación transforma y estabiliza esa señal hasta convertirla en otra de un voltaje determinado 6 V, 12 V, 15 V, o lo necesario en corriente continua para cada dispositivo.

Los sistemas de control domótico necesitan alimentación desde una fuente eléctrica, ya sea directamente de la red para sistemas con posibilidad de conexión, o a través de baterías autónomas en aquellos casos en que el dispositivo trabaje de forma inalámbrica.

En un sistema domotizado puede que haya una sola fuente de alimentación, o lo que es más habitual, que haya varias fuentes o alimentadores que suministren la energía necesaria para el correcto funcionamiento de los elementos.

Las fuentes de alimentación tienen unas entradas de 230 V y una o varias salidas al voltaje deseado.

 Sabía que...

En la mayoría de los hogares los alimentadores ya están integrados en muchos de los elementos del sistema doméstico con la finalidad de no tener que depender de una fuente externa. Sin embargo, también se puede diseñar la instalación para que sea alimentada por una o varias fuentes de alimentación centralizadas.

3.7. Control de dispositivos mediante app móvil

No es preciso mencionar, que estando al comienzo de la tercera década del siglo XXI, el control de nuestros hogares inteligentes es tan sencillo, rápido e intuitivo como la irrupción en nuestras vidas de ciertas aplicaciones móviles.

Es muy usual dar la posibilidad al usuario final de escoger entre multitud de apps que hacen posible un preciso y riguroso control del hogar. Sin embargo en la actualidad se está invadido por la gran cantidad de este tipo de aplicaciones que a veces saturan.

Como se ha comentado anteriormente, la variedad de apps relacionadas con este tema es abrumadora, y aunque podrían darse claros y concretos ejemplos de aplicaciones que funcionan de forma excepcional, se describe de forma general las funciones para las que están especialmente concebidas.

Una de sus cualidades más destacables es la facilidad de empleo, ya que cualquier usuario puede hacer uso de ellas, sea cual sea su nivel tecnológico. Por otro lado, cabe destacar, que suelen ser compatibles con cualquier clase de dispositivo inteligente (ya sea android o iOS) y tienen un tamaño ("peso") relativamente liviano en megabits.

App móvil de domótica

Las tareas que pueden ser ejecutadas de forma inteligente o automatizada, varían desde programar conexiones/desconexiones de puntos de iluminación, gestión de la climatización y de los dispositivos multimedia, apertura/cierre de persianas e incluso el control de la apertura/cierre de nuestra puerta principal. Todo ello con la gran ventaja de poder realizarse a distancia y sin importar el lugar físico donde se encuentre el usuario que lanza las órdenes.

Finalmente, merece mención aparte, todo lo relacionado con el coste que esto representa para el usuario, ya que es ínfimo por la sencilla razón de que no es necesaria una instalación compleja por poderse conexionar directamente con el router de casa.

Aplicación práctica

Le encargan la instalación de un sistema domótico para una vivienda en la que desean vigilar el acceso de intrusos desde tres ventanas, vigilar la puerta de entrada, controlar los escapes de gases de la cocina y subir y bajar las persianas de forma automática según la posición del sol.

¿Cuántos elementos de los estudiados cree que serían necesarios?

SOLUCIÓN

Para montar el sistema domótico descrito se necesitarían los siguientes elementos:

- 3 sensores volumétricos para controlar la intrusión por ventanas.
- 1 cámara de seguridad para vigilar la puerta.
- 1 sensor de gas butano/propano.
- 1 detector crepuscular.
- 1 actuador/motor de persianas.
- 1 sistema central (controlador) con los interfaces de entrada correspondientes para que se interconecte y configure todo con la opción de grabar video (para captar las imágenes de la cámara de entrada).
- 1 monitor donde se puedan ver las imágenes grabadas.
- 1 interface de salida tipo panel o por *software* para poder manejar todas las opciones de la central.

4. Resumen

Mediante este tema se ha pretendido que el lector adquiera los conocimientos generales necesarios para afrontar cualquier tipo de instalación domótica a nivel funcional.

Para ello, además de introducir el concepto, se han querido exponer las distintas finalidades para las que la domótica adquiere su razón de ser, destacando por tanto los conceptos de seguridad, confort y ahorro como objetivos específicos por los que un sistema domótico puede llegar a ser instalado.

Dentro de cada una de estas áreas se han podido conocer distintas posibilidades que la domótica ofrece, como control de fuego y gases, alarmas de fugas e intrusión, control de la iluminación, riego y electrodomésticos, así como la posibilidad de monitorización general, y, uno de los aspectos más importantes, el ahorro económico.

El capítulo también se ha adentrado en cada uno de los componentes que forman cualquier tipo de sistema domótico, describiéndolos y aportando ejemplos reales, y llegando a la conclusión de que cualquier sistema de este tipo necesitará un elemento central que la controle, unos sensores encargados de recoger la información del entorno de la instalación, unas interfaces de entrada destinadas a introducir dicha información, unas interfaces de salida mediante las que se facilite el control, y finalmente, las fuentes de alimentación imprescindibles para el aporte de energía a sus elementos.

Ejercicios de repaso y autoevaluación

1. Complete el siguiente texto:

Los sistemas _____ se encargan en general de recibir información de los _____, _____ esa información, y según las _____ _____ que se le hayan previamente indicado, emitir las _____ pertinentes a unos _____ que ejecutarán la acción. También permiten que el _____ _____ indique cualquier acción en el momento que este estime oportuno aún _____ las _____ predeterminadas.

2. De los siguientes aspectos sobre domótica marque con una "S" los referidos a seguridad, con una "C" los de control, y con una "E" los de ahorro económico:

    a. Control del riego y electrodomésticos. _____

    b. Control de climatización. _____

    c. Alarma de fugas. _____

    d. Fuego. _____

    e. Control de iluminación. _____

    f. Alumbrado automático. _____

    g. Gases. _____

    h. Monitorización. _____

    i. Alarma de intrusión. _____

    j. Ahorro. _____

3. ¿Podría especificar las diferencias existentes entre domótica e inmótica?

_____

_____

_____

_____

4. ¿Cuántos tipos de detectores de fuego se pueden encontrar en el mercado? Señale al menos cuatro.

_____

_____

_____

_____

5. ¿Qué circuito siguen las señales en las instalaciones domóticas desde que son captadas hasta que se ejecutan las instrucciones pertinentes? Expóngalo en forma de esquema.

6. ¿Qué tipo de detector es el representado en la imagen? ¿A qué uso está destinado principalmente?

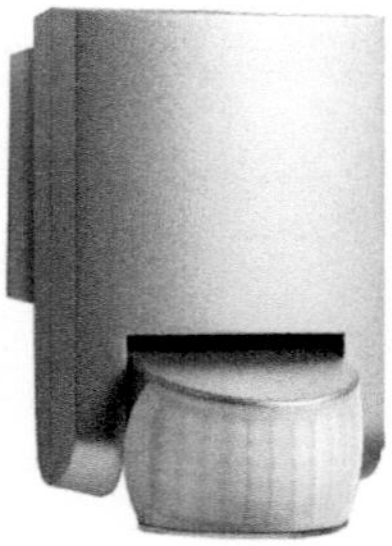

_____

_____

_____

_____

7. **Indique si las siguientes afirmaciones son verdaderas o falsas.**

    a. Una instalación de videovigilancia no se pude integrar con una de intrusión.

        ☐ Verdadero
        ☐ Falso

    b. Una instalación de videovigilancia permite la visualización de imágenes solo en directo.

        ☐ Verdadero
        ☐ Falso

    c. Los sensores magnéticos pertenecen a las instalaciones de intrusión.

        ☐ Verdadero
        ☐ Falso

    d. Los detectores volumétricos pueden identificar el tipo de objeto detectado.

        ☐ Verdadero
        ☐ Falso

8. **El tipo de dispositivo que actúa sobre una persiana para que baje o suba es:**

    a. Un sensor.
    b. Una fuente de alimentación.
    c. Un actuador.
    d. Un controlador.

9. **¿Qué cuatro aspectos fundamentales intervienen en el control de la climatización de un sistema domótico? Expóngalo en forma de esquema.**

_____

_____

_____

_____

_____

10. ¿Qué se representa en la figura?

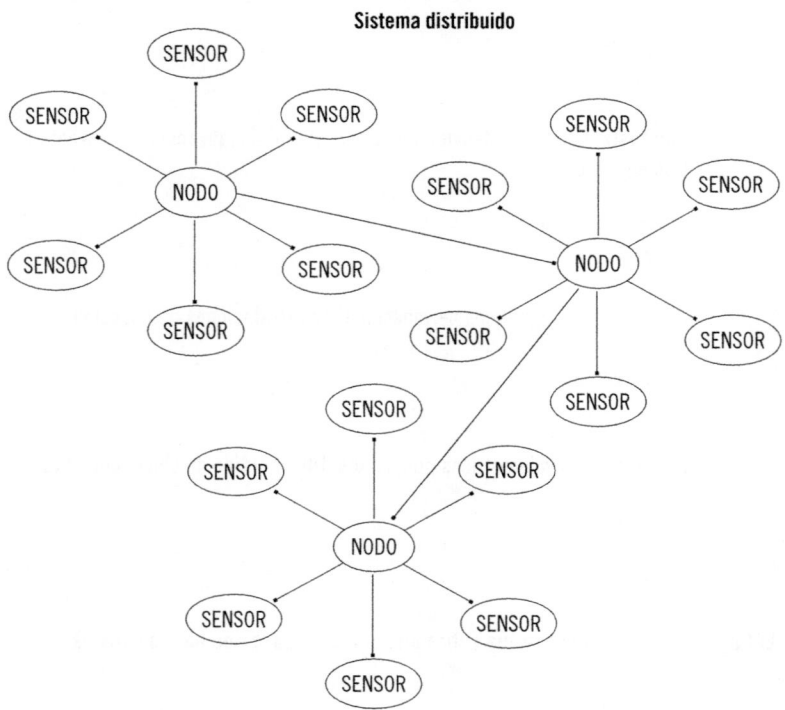

Sistema distribuido

11. Complete el siguiente texto:

Dentro del sistema domótico, los _____ son los encargados de _____ _____ la información que se encuentra en el _____ de la vivienda. _____ las señales y las envían al _____ para que las _____ y _____ antes de dar la información a los _____ _____ si fuese necesario.

12. ¿Qué relación guardan las interfaces de entrada con los sensores?

_____

_____

_____

_____

13. Exponga los tres tipos de actuadores existentes y la característica principal de su funcionamiento.

_____

_____

_____

_____

14. ¿Para qué sirven las fuentes de alimentación? ¿Qué tipo de transformación eléctrica realizan?

_____

_____

_____

_____

_____

_____

_____

Capítulo 2
Montaje de los elementos de las instalaciones domóticas en edificios

Contenido

1. Introducción

En este capítulo se abordará la parte de montaje de los elementos que integran un sistema domótico.

En fase de proyecto se diseñan y eligen los distintos sistemas domóticos según las necesidades del propietario. Esto se plasma en un proyecto técnico que consta de varios epígrafes como son las instrucciones de montaje y los planos de instalación que usarán los instaladores para llevar a cabo el montaje en la vivienda.

Posteriormente se expondrán distintas técnicas de instalación tanto de sensores como de actuadores, piezas clave para la recogida de datos y para la actuación sobre los sistemas respectivamente.

Finalmente se mostrarán las nociones necesarias para realizar las instalaciones de interface y controlador para cerrar así el ciclo de montaje de un sistema domótico.

2. Preparado y tendido de conductores del sistema domótico utilizado

Se considera parte indispensable para llevar a cabo una instalación domótica el conocer y saber interpretar los planos técnicos aportados por el proyecto antes de iniciar cualquier tipo de preparación y planteamiento de tendido de conductores. Sin esos conocimientos es imposible completar una instalación satisfactoriamente. No solo se deben entender los términos puramente domóticos, sino que también hay que dominar muchos otros aspectos como es la albañilería y la electricidad por estar íntimamente ligados al tendido de los conductores en la vivienda.

2.1. Planos y elementos arquitectónicos

Los planos que se utilizan son habitualmente de papel con formatos entre DIN A4 y DIN A0, que son formatos especiales un poco difíciles de manejar.

 Nota

Los más habituales para viviendas aisladas y pequeños bloques son los tamaños DIN A3, DIN A2 y DIN A1 que son los que mejor se adaptan a las escalas que se manejarán.

Dentro de estos formatos es donde se representan los planos de instalación de una vivienda. En el formato, la información se distribuye de una forma ordenada y clara con textos explicativos y referencias precisas para que un instalador pueda hacer la puesta en obra correctamente.

Tipos de formato DIN

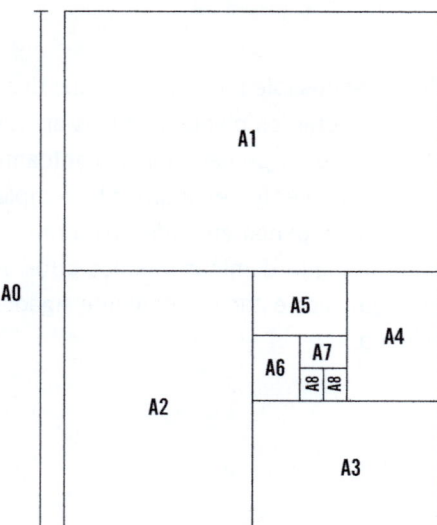

Un plano habitualmente consta de las siguientes partes principales:

■ **Cajetín:** el cajetín está representado normalmente con un recuadro con varias casillas en las que se introducen todos los datos relativos al autor del proyecto, promotor, nombre de la obra y situación de la misma, número de plano, escala, nombre del plan, fecha y algún dato más que se estime necesario. Este cajetín además suele incluir un margen con una línea que bordea el formato.

Ejemplos de cajetines para un plano

DIBUJO TÉCNICO	Nombre: _____	Calificación
	Grado: _____ Sección: _____ Fecha:_____	
	Lámina: _____ Objetivo: _____	

Escala:	Empresa:	Fecha:	Nombre:
⊕ ◁	TÍTULO		Taller:
Subtítulo			N.º:

CENTRO DE ESTUDIOS CIENTÍFICOS Y TECNOLÓGICOS # 4				
Esc. 1:1	Acot. mm	Fecha:	Profr.	DIBUJO TÉCNICO 1
	Alumno: APELLIDOS, NOMBRE			Grupo
IPN	CUADRO DE PREFERENCIAS		I	Calif. ⊕◁

Tipos de márgenes para un formato DIN A3

FORMATO DIN A3

ÁREA DEL DIBUJO

10,00

277,00

297,00

20,00   390,00   10,00

10,00

420,00

■ **Área del dibujo:** esta área es la zona destinada a representar gráficamente y a escala la realidad de la instalación. Se utilizarán tantos planos como considere el autor para que la idea quede perfectamente representada. Se pueden utilizar esquemas, dibujos, fotos, detalles y todo aquello que ayude a comprender mejor el plano.

En la representación también pueden utilizarse colores

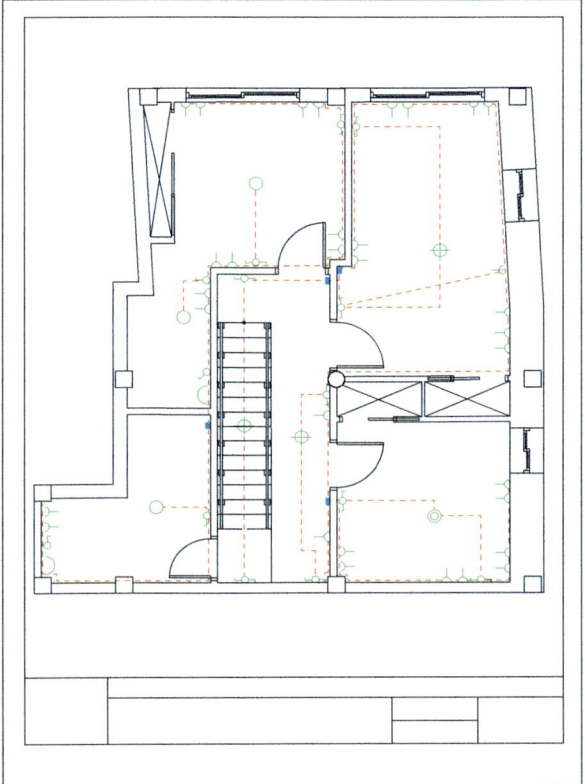

■ **Leyenda:** está destinada a señalar el significado de los distintos símbolos utilizados en el plano, por lo tanto contendrá tantas aclaraciones como sean necesarias. También se pueden incluir notas aclaratorias distribui-das por el área del dibujo y llamadas de atención sobre algo importante.

Leyenda de un circuito eléctrico simple

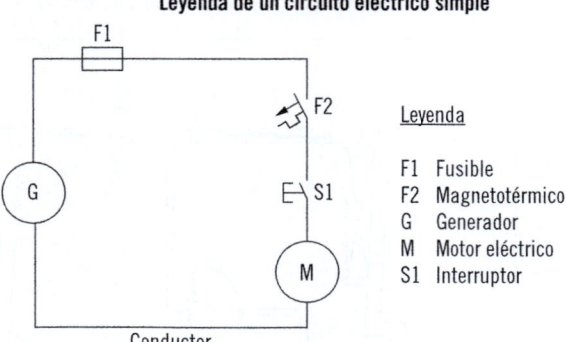

Leyenda

F1 Fusible
F2 Magnetotérmico
G   Generador
M   Motor eléctrico
S1 Interruptor

- **Escala:** la escala es uno de los factores más importantes que hay que conocer y dominar a la hora de hacer una representación de la realidad varias veces menor que el objeto original. Lo que indica es cuantas veces más pequeño es el objeto respecto al original.

Nota

Dependiendo de la representación que se haga así se elegirá la escala ya que no es lo mismo representar la vivienda completa o representar un detalle de un mecanismo en concreto.

Aunque el plano esté dibujado a una escala que se pueda medir con una regla graduada es necesario acotar las distancias principales mediante líneas de cota para así facilitar al instalador su lectura y evitar errores en las medidas.

Líneas de cota en el detalle de una pieza

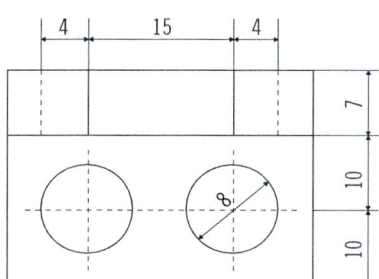

 **Ejemplo**

Representación a escala.

Para representar un objeto a escala 50 veces más pequeño que el objeto real se indica que su escala es 1:50 y esto significa que cada unidad del dibujo corresponde a 50 unidades en la realidad.

En planos de viviendas las escalas más habituales son 1:200, 1:100, 1:50 y 1:10. No obstante se utilizarán las escalas adecuadas indicando siempre bajo el dibujo en qué escala ha sido delineado.

En cuanto a los elementos arquitectónicos por los que discurrirán los conductores de la instalación cabe decir lo siguiente:

- **Suelo:** se utilizará el suelo para la instalación si se dispone del llamado suelo técnico que consiste en elevar la cota de este mediante unas estructuras especiales para dejar espacio suficiente a las instalaciones.
- **Pared:** en este caso se encuentran dos tipos diferentes que es la tabiquería maciza o la hueca con perfilería.

- En la tabiquería maciza se puede hacer la instalación empotrada mediante acanaladuras o bien en superficie.
- En la tabiquería hueca con perfiles es habitual utilizar ese hueco para alojar los conductores.

■ **Techo:** en este caso existen dos formas de hacerlo, una es anclado directamente a la estructura y la otra es mediante bandejas descolgadas a una cierta distancia. Ambas pueden tener un falso techo bajo ellas o pueden ser vistas.

 Importante

Para facilitar la labor a los técnicos que desarrollan su trabajo con formatos de plano de cualquier tipo, se hace necesario el manejo de programas informáticos de diseño en 2D. El programa más extendido y utilizado para este fin a nivel mundial es *Autocad*.

2.2. Replanteo de las instalaciones

Una vez se tienen los conceptos claros en cuanto a la lectura de planos y a los elementos arquitectónicos sobre los que se llevarán a cabo las instalaciones domóticas, el siguiente punto es ejecutar las disposiciones del plano en la realidad.

Esto se llama replanteo de obra y se hace mediante unos sencillos pasos para los que se necesitarán al menos dos personas que trabajen en equipo:

■ Lo primero es situarse en la zona de la vivienda que se quiere replantear.
■ Lo siguiente es desplegar el plano para estudiar el sistema de montaje indicado y ver las distancias de referencia que indica así como los tipos de conductores.

Dos operarios miran un plano antes del replanteo.

- Se comprobarán todas las medidas para ver que coinciden con la realidad y evitar así errores.
- El equipo utilizará algún elemento que permita dibujar sobre el soporte que se tenga, ya sea ladrillo, hormigón, tabiques prefabricados o cualquier otro. Se suele utilizar espray señalizador o simplemente tiza y mediante cinta métrica se irán traspasando medidas.

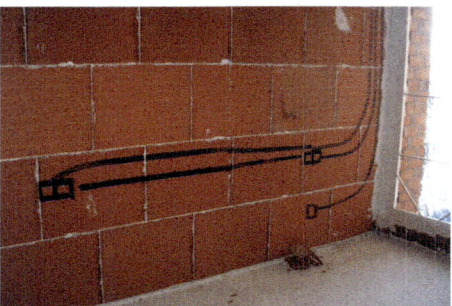

Ejemplo de replanteo en tabique cerámico

- Mediante unas señales concretas se irán pasando las medidas desde el plano hasta los tabiques, techos o suelos, según corresponda indicando con textos aclaratorios el tipo de conductor y los elementos que une.

Todo ello se hará respetando tanto las instrucciones del plano como la normativa específica para este tipo de instalaciones.

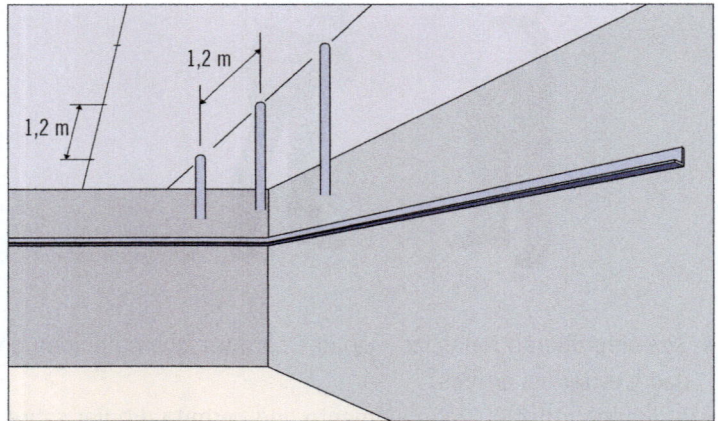

Se trasladan las medidas del plano a la realidad, en este caso al techo

■ Finalmente tras haber dibujado todos los conductores se procederá a la comprobación de las medidas del plano para cerciorarse de no haber cometido error alguno.

 Aplicación práctica

En la fase inicial de una instalación domótica necesita conocer la cantidad aproximada de cableado y canalización que va a utilizar para el despliegue. Concretamente, la canalización la va a distribuir por el perímetro de tres habitaciones, y midiendo sobre un plano se obtienen los siguientes resultados:

❚ Salón: distancia central-último elemento: 5 cm.
❚ Cocina: distancia central-último elemento: 4 cm.
❚ Jardín: distancia central-último elemento: 11 cm.
❚ Datos complementarios: escala plano 1:100. Instalación en BUS.

Continúa en página siguiente >>

<< Viene de página anterior

SOLUCIÓN

Para conocer la cantidad de canalización y cableado que se necesita habrá que trasladar las medidas obtenidas de cada recinto en cm a los metros correspondientes que supondrían en la realidad. Este "traslado" de magnitud lo marca la escala del plano que indica que 1 cm en el plano son 100 cm en la realidad.

Al sumar los cm de cada área se obtiene: $5 + 4 + 11 = 20$ cm. Por tanto, con una sencilla regla de 3, si 1 cm equivale a 100 cm en la realidad, 20 cm serán: $20 \times 100 = 2000$ cm = 20 m de canalización.

Al indicar que la instalación es en BUS (habrá un único cable que recorra todos los elementos, al igual que ocurre con la canalización) se deduce que se necesitarán aproximadamente 20 m de cable.

Consejo

El replanteo lo deben hacer dos personas y tras terminar, el instalador debe repasarlo para comprobar que todo esté correcto.

2.3. Tendido de las instalaciones

En este momento los conductores están replanteados, es decir, que se encuentran señalados todos los sitios por los que pasarán para conectar los distintos elementos de la instalación domótica. Por tanto, ahora se procede a la fase de tendido de la instalación en el que se colocarán y fijarán todos los conductores en el soporte que previamente se ha replanteado.

La primera parte del tendido del cableado es la elección del cable según las indicaciones de la memoria técnica y los planos facilitados al instalador.

Importante

El instalador llevará a la obra todo el material y quedará ordenado por tipos y distribuido en las estancias que vaya a ser colocado siguiendo un orden establecido y programando previamente para no cometer errores y facilitar la labor de tendido.

Las herramientas necesarias para llevar a cabo estos trabajos son las habituales de cualquier instalación eléctrica como alicates, destornilladores, guías, etc.

La guía, en este caso metálica, es un elemento indispensable para insertar el cableado en las canalizaciones.

En general se puede decir que el orden en la ejecución de los trabajos es importantísimo para que no se produzcan errores. Se debe tener muy claro cómo se distribuirán y fijarán todos los conductores antes de empezar la instalación y tener acopiados todos los elementos necesarios para dicha instalación. Esto es una forma de aportar calidad y eficacia a un trabajo y repercutirá en el buen funcionamiento del montaje.

Hay varias formas de alojar los conductores según se requiera, la primera es bajo tubo y consiste en insertar el conductor dentro de este, ya sea rígido o flexible, especialmente diseñado y de materiales diferentes (PVC, acero, etc.) a modo de protección de la línea conductora. Este tubo, a su vez, puede estar empotrado o colocado en superficie (bandejas, grapado, etc.) dependiendo de las necesidades de protección del mismo y las especificaciones del proyecto.

Los tubos corrugados son los más usados para el tendido de conductores.

La otra forma es sin tubo de protección, alojando a los conductores en bandejas especiales o simplemente grapados con tornillos y bridas especiales sobre alguna superficie. En este caso el conductor queda a la vista por lo que se reducirá su uso a lugares que posteriormente vayan revestidos para que queden ocultos.

Bandeja metálica para cableado

Soportes de instalaciones domóticas

A continuación se describen los distintos **soportes** por los que discurrirán las instalaciones domóticas.

- **Suelo técnico:** este tipo de suelo está especialmente diseñado para que permita la instalación de todo tipo de conducciones bajo él y es accesible desde cualquier punto por ser desmontable. Bajo el suelo se dispondrán canaletas, bandejas, tubos o cualquier otro elemento que permita el alojamiento de los cables ordenadamente.

Técnico en la operación de tendido de conductores bajo suelo técnico

- **Tabiquería:** en el caso de la tabiquería, como se ha comentado anteriormente, existe la posibilidad de que sea maciza o hueca, por lo tanto habrá varias técnicas para su instalación.

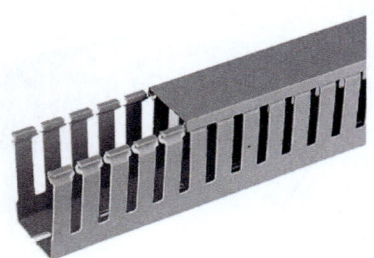

En las canaletas superficiales se tienden los conductores y posteriormente se tapan.

Nota

En ambos casos, si la instalación es superficial, se procederá de igual forma, es decir, fijando los conductores directamente o bien alojándolos en tubos, canaletas, o bandejas ancladas a la pared.

Por otro lado, si la instalación ha de hacerse empotrada, se procederá según sea maciza o hueca.

▌ **Maciza:** en primer lugar tendrán que estar hechas las rozas en la pared para permitir alojar las canalizaciones. Tras colocar los tubos de protección en las rozas se fijarán mediante bridas y soportes especiales para evitar su movimiento y permitir su posterior tapado con mortero o yeso.

Dentro de las rozas se instalan los tubos corrugados

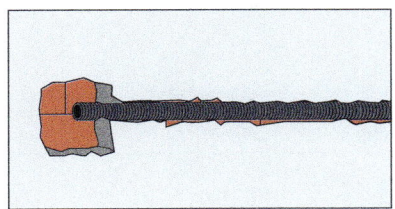

▌ **Hueca:** la llamada tabiquería hueca hace referencia a los tabiques formados por una estructura interna de perfiles verticales metálicos separados a una cierta distancia a los cuales se les colocan unas placas prefabricadas (cartón-yeso y madera son los más habituales) en ambas caras quedando un hueco en su interior. Este hueco permite el paso libre de las instalaciones.

En la imagen se ven varios tubos corrugados donde se instalan los conductores.

- **Techo:** es una de los más habituales junto a la de pared, ya que es menos normal encontrar suelos técnicos en viviendas.

Para la instalación en techo se suelen usar los llamados falsos techos que son estructuras descolgadas que permiten el paso por su interior y ocultan el cableado a la vista, ya sea con placas continuas o con placas desmontables.

Recuerde

Es muy importante hacer un tendido de cables ordenado y pensando en la posterior interconexión con los elementos del sistema.

Por otro lado, también es frecuente encontrar instalaciones vistas, estas últimas se realizan mediante canaletas, tubos rígidos, o bandejas metálicas por ser estos más estéticos.

Tendido de cableado sobre bandejas metálicas vistas

 ## Aplicación práctica

Usted es el instalador que va acometer la distribución de canalización y cableado para una futura instalación domótica en la planta baja de una vivienda. ¿Qué consideraciones debería tener en cuenta y por dónde distribuiría la canalización?

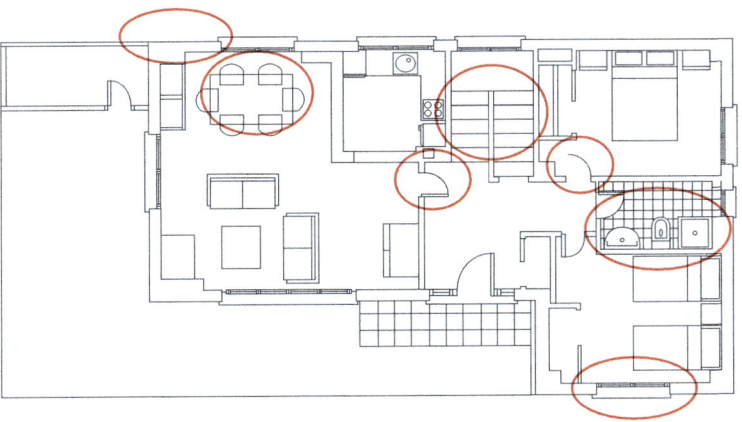

Continúa en página siguiente >>

<< Viene de página anterior

SOLUCIÓN

La distribución de una canalización de un sistema domótico discurrirá por todo el perímetro de la vivienda. Esta distribución se verá alterada tanto por elementos arquitectónicos,
como por mobiliario general (marcados en rojo), lo que obligará que el curso que siga la
canalización se amolde a los mismos. Será necesario que se realice este primer estudio
arquitectónico del local y preparar sobre el plano un planteamiento de distribución de la
canalización antes del comienzo de los trabajos.

Se debe disponer de los utensilios correspondientes e ir preparado a priori la canalización,
para amoldarla a pilares, ventanas, puertas y escaleras, principalmente.

 Actividades

1. Busque información sobre cómo se denominan y en qué consisten las impresoras
   especiales utilizadas para la impresión de planos.
2. Busque información sobre los distintos componentes auxiliares necesarios en la fijación
   de las estructuras de canalizaciones. Realice un listado sobre qué tipo de fijaciones
   utiliza cada tipo de canalización.
3. Haga un listado de todas las herramientas que considere necesarias para desplegar
   una estructura de canalización y tendido de conductores.
4. Señale qué medidas tienen las losetas del suelo y el techo técnico.
5. Indique en qué momento de la construcción de un local considera que será necesario
   prever la disposición de suelo o techo técnico.

---

3. Montaje de sensores y actuadores

El montaje de sensores y actuadores es la fase posterior al tendido de conductores.

El instalador deberá acopiar todo el material necesario, en este caso sensores y actuadores, y situarlo cerca de los lugares donde será colocado.

Nota

Deberá basarse en el replanteo previo de la instalación de conductores y específicamente en el replanteo previo de la situación de los sensores y actuadores.

Para que no haya confusión el responsable del replanteo tendrá que indicar en cada punto el tipo de dispositivo que va instalado en ese lugar. No obstante, el instalador deberá cerciorarse mediante la consulta en el plano de que la ubicación es correcta.

La primera acción será la apertura de huecos para alojar los mecanismos necesarios, aunque algunos podrán ir colocados sobre la superficie. Para la apertura de huecos se precisarán herramientas apropiadas como martillo, cincel, sierras de calar, o taladros y en cada caso elegir la más adecuada.

Una vez abiertos los huecos para situar los mecanismos se procederá a la colocación de las cajas empotradas que alojarán el elemento domótico. Estas cajas suelen ser universales, con tornillos de ajuste, fabricadas normalmente en PVC, aunque también se pueden encontrar cajas específicas para un módulo concreto y se les suele denominar cajillos. Se ha de puntualizar que no todos los elementos domóticos necesitan de una caja previa para su colocación, ya que muchos de ellos van colocados directamente en la superficie o empotrados.

A continuación se diferencia entre sensores y actuadores, ya que cada uno irá colocado en una posición diferente.

3.1. Sensores

Los sensores son dispositivos destinados a recoger información, por lo tanto, en la mayoría de los casos, serán visibles y estarán instalados en lugares específicos que les permitan la recepción de la información sin obstáculos. Estos son sensores de lluvia, de luz, de viento, de temperatura, etc.

Sin embargo en otras ocasiones se encuentran sensores ocultos y permiten su instalación dentro de aparatos, mientras que en otros casos se ocultan en la junta del pavimento o enterrados.

 Ejemplo

Los sensores de temperatura se pueden ocultar en un conducto de aire acondicionado o un horno. Los sensores de humedad pueden ir en las juntas de los pavimentos o enterrados.

Instalación

A continuación se mostrarán varios ejemplos de instalación de distintos tipos de sensores según sean montados en superficie, ocultos o empotrados en suelo, pared, y techos utilizados en las viviendas domotizadas.

- **Sensores en superficie:** se colocarán mediante tornillería y se procederá primeramente con la apertura de taladros para insertar los tacos de plástico o metal que contendrán los tornillos de sujeción. Hay que asegurarse de que el cable de conexión llega hasta donde está el sensor, a excepción de los sensores inalámbricos.

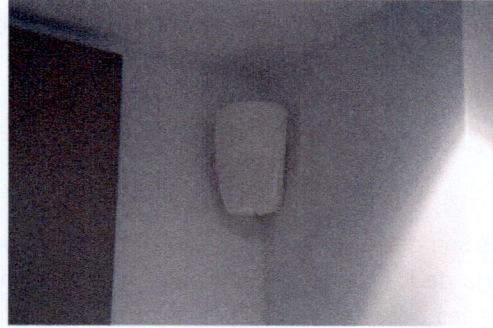

Sensor volumétrico instalado en superficie

■ **Sensores empotrados:** se hace referencia a aquellos sensores instalados en suelos técnicos, paredes o techos. Si el cajillo ya está instalado, simplemente se atornillará la base del sensor y posteriormente se le colocará la tapa embellecedora. Será muy importante atender a las instrucciones de colocación facilitadas por el fabricante ya que en algunas ocasiones las indicaciones difieren entre la variedad de fabricantes existentes.

Sensor para empotrar en su cajillo

■ **Sensores ocultos:** estos sensores no necesitan estar en lugares visibles, ya que están contenidos en el interior de circuitos (ya sea de aire o agua) o dentro de aparatos para medir y comprobar su funcionamiento o consumo.

Baldosa equipada con sensores de presión para controlar el paso

3.2. Actuadores

El funcionamiento de los actuadores se produce tras recibir la información de la centralita, y estos estarán situados normalmente cerca o dentro del dispositivo sobre el que van a actuar. En este caso también se encuentra una gran variedad en su tipología y diseño dependiendo de la marca que lo comercialice.

Al igual que ocurre con los sensores, existe un procedimiento general de colocación que se verá modificado si las instrucciones del fabricante así lo indican.

 **Importante**

Todas las instalaciones deben realizarse por personal cualificado y debidamente formado. En ocasiones se requerirá del carné profesional que acredite los conocimientos.

Dependiendo del tipo de actuador se procederá de una forma u otra, pero como regla general se suelen utilizar también cajillos universales para su colocación, o bien los cajillos específicos aportados por el fabricante del dispositivo.

Instalación

En primer lugar se procederá a la apertura del hueco previamente replanteado para posteriormente alojar el mecanismo del actuador. En algunos casos se encontrarán actuadores para su uso en superficie.

- **Actuadores de superficie:** en este caso se pueden citar las alarmas luminosas o sonoras que se colocan en lugares visibles. Estas irán fijadas mediante tornillería anclada a tacos en los muros o techos.

*Actuador de superficie
fijado directamente a la
pared mediante tornillería*

■ **Actuadores empotrados:** son aquellos que quedan instalados en caji-llos o soportes similares dentro de suelos, muros o techos. La forma de instalación será habitualmente mediante tornillos sobre los soportes previamente colocados.

*Este actuador luminoso viene de fábrica
preparado para ser empotrado a techo.*

■ **Actuadores ocultos:** se denominan así a aquellos que quedan escondi-dos dentro de otros dispositivos y ocultos a la vista, como motores o dis-positivos electrónicos que activan o desactivan un aparato a controlar. Habrá que atender a las instrucciones del fabricante y disponer de las herramientas necesarias para su montaje.

Estos modelos de actuadores incrustados en los propios mecanismos de lámparas y bombillas quedan ocultos, como se puede comprobar en la parte izquierda de la imagen.

Actividades

6. Identifique a distintos fabricantes de sensores y actuadores domóticos y compare los precios que tienen estos elementos en su formato en superficie, empotrado y oculto.
7. Indique en qué tipo de instalaciones recomendaría el uso de sensores ocultos.

4. Instalación de la interface y el controlador

Tras el montaje de actuadores y sensores se procede a la instalación de las interfaces de entrada y de salida y el controlador o controladores de la instalación completa.

En este caso se encontrarán una gran variedad de elementos distintos según el fabricante elegido, aunque algunos coinciden en ciertas partes del sistema y utilizan elementos comunes.

4.1. Instalación de la interface

Aquí se distinguirán entre las interfaces de entrada y las de salida, ya que pueden ser diferentes.

Interface de entrada

Las interfaces de entrada son realmente el conexionado entre los conductores (llamados bus) y la central de control, es decir, el medio que les permite la unión y por tanto la comunicación en un lenguaje adecuado y con la menor pérdida de información.

Como ya se sabe, los conectores más usados en domótica son el USB, el RJ45 y la interface de pines.

USB

Este tipo de conector viene junto con el bus y no se puede hacer en obra, por lo tanto se tendrá previsto tener el bus con un USB de la longitud necesaria.

Conector USB

RJ45

Para las hembras se usa una crimpadora de impacto y para los machos una de presión. Normalmente el macho queda en la parte del controlador y la hembra en la parte del bus.

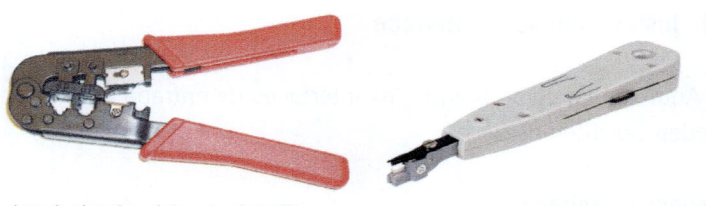

Juego de crimpadoras de impacto y de presión

Interface de pines

Este tipo de conexión suele traerla instalada el controlador y es una conexión que se hace directamente insertando la punta de los cables del bus.

Interconexionado de cableado en distintos pines de un interface de entrada

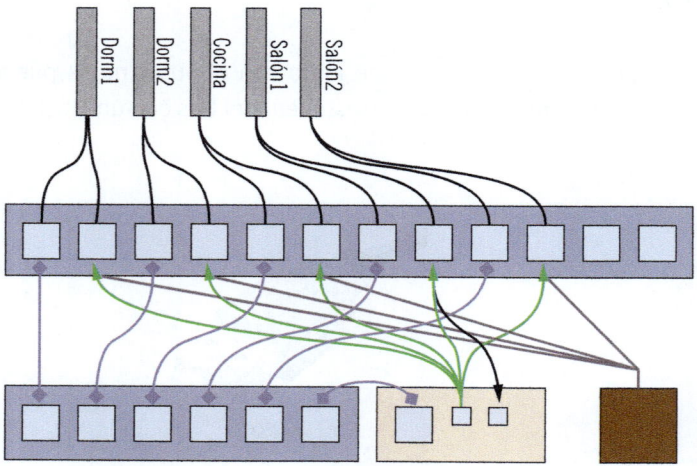

Interface de salida

Es muy común que la interface de salida sea una pantalla táctil o un teclado alfanumérico acompañado de una pantalla de datos. Para este tipo de interface se llevará a cabo una instalación en pared procediendo a practicar el hueco si es necesario, o a atornillar mediante tacos si su colocación es en superficie.

Pantalla táctil empotrada

4.2. Instalación del controlador

En el mercado actual de la domótica se pueden encontrar multitud de controladores distintos, así como formas de instalación, aunque en este manual se desarrollarán las dos más habituales. En la primera, y siempre que la instalación sea muy simple, el controlador irá incluido en la misma carcasa que las interfaces de entrada y de salida. La otra forma es ubicar el controlador en armario, que es la más común cuando una instalación es un poco más compleja.

Instalación compacta

En este caso el controlador está integrado junto a las interface de entrada y salida en una misma carcasa para ser instalada bien empotrada o bien en superficie.

 Nota

Este tipo se suele utilizar en pequeñas obras de reforma o cuando se quiere hacer un control puntual de pocos elementos.

Permite una instalación rápida al no necesitar de mucho espacio, y el diseño que aportan los fabricantes es bastante vistoso por lo que queda muy bien integrado en cualquier parte de la vivienda.

Varios controladores domóticos instalados directamente en la pared

Instalación en armario

Cuando la instalación ya es un poco más compleja, el número de controladores y su tamaño se ve incrementado, por lo que hace prácticamente imposible integrarlos en consolas que queden a la vista. En estos casos se usan unos armarios especiales destinados a alojar tantos elementos como se desee. El tipo de armario más común y versátil es el de carriles DIN, que son unos soportes especiales estandarizados que admiten la instalación de una gran multitud de elementos tanto eléctricos como de comunicaciones. En otros casos los distintos fabricantes diseñan armarios propios para dar alojamiento a sus elementos, pero sería imposible analizarlos todos, por eso se recomienda acudir al libro de montaje aportado por el fabricante.

 ## Recuerde

Se seguirán fielmente las instrucciones de cada fabricante para la colocación de los elementos de la instalación domótica y así conseguir el correcto funcionamiento de los mismos.

Controladores domóticos instalados en un armario

Actividades

8. Investigue sobre un concepto utilizado en instalaciones de telecomunicaciones denominado *rack*. ¿Qué papel tendría en una instalación domótica?
9. Intente encontrar información sobre interfaces de salida analógicas y compare con las
funcionalidades que presentan las digitales.
10. Señale si se usa el mismo tipo de crimpadora para RJ45 "machos" y "hembras".

5. Resumen

En el presente capítulo se ha mostrado la parte de montaje de los distintos
elementos de la instalación domótica como paso previo a su conexionado.

En primer lugar se ha explicado cómo leer y entender un plano, y en general
un proyecto técnico con todas las partes que lo integran incluida la memoria
técnica y los citados planos.

Seguidamente se han indicado los pasos fundamentales para llevar a cabo un replanteo como trabajo previo al montaje. Este replanteo se debe hacer concienzudamente y debe ser repasado las veces que sea necesario con la finalidad de que no haya errores, puesto que de hallarse alguno conllevaría un costoso proceso de rectificación.

Con estas condiciones el alumno se ha adentrado en el montaje de los distintos elementos de la instalación, partiendo del tendido de conductores en el que se han visto los diferentes soportes que pueden albergar los cables de la instalación y las precauciones a tener en cuenta.

Seguidamente se ha abordado el montaje de sensores y actuadores. En este punto se ha indicado que tanto unos como otros pueden ir instalados en suelo, pared o techos, y en cada uno de estos soportes se ha desarrollado la forma más correcta de montarlos teniendo en cuenta las características del soporte.

Finalmente, se ha analizado cómo se realiza el montaje de los conectores de una instalación domótica, parte fundamental, ya que es la que une a todo el sistema en conjunto y lo hace funcionar. También se han expuesto las técnicas de montaje de los controladores, que es la parte que procesa la información y por lo tanto con la que habrá de tenerse un especial cuidado.

En general se han mostrado los sistemas de montaje más habituales y usados del mercado, no obstante es muy importante señalar que el sector de la domótica se caracteriza por la gran variedad de sistemas que cada marca utiliza en sus propias instalaciones.

Ejercicios de repaso y autoevaluación

1. **Complete el siguiente texto.**

Se considera parte indispensable para llevar a cabo una instalación domótica el _____ y saber _____ los _____ aportados por el _____ antes de iniciar cualquier tipo de _____ y _____ de tendido de conductores. No solo se deben conocer los términos puramente domóticos sino que también hay que dominar muchos otros aspectos como es la _____ y la _____ por estar íntimamente ligados al tendido de los conductores en la vivienda.

2. **Relacione cada tipo de formato de plano con su característica principal.**

        a. DIN A4.
        b. DIN A0.
        c. DIN A3.
        d. DIN A1.
        e. DIN A2.

        __ Usados habitualmente en viviendas aisladas y pequeños bloques.
        __ Tamaño folio.
        __ Formato extenso difícil de manejar.
        __ Mejor adaptación a escalas pequeñas.

3. **¿Qué es el cajetín en un plano?**

_____
_____
_____
_____
_____
_____
_____
_____

4. ¿Qué significa que un plano tenga una escala 1:50? ¿Qué correspondencia tendría en la realidad un pilar de 10 mm medido sobre plano?

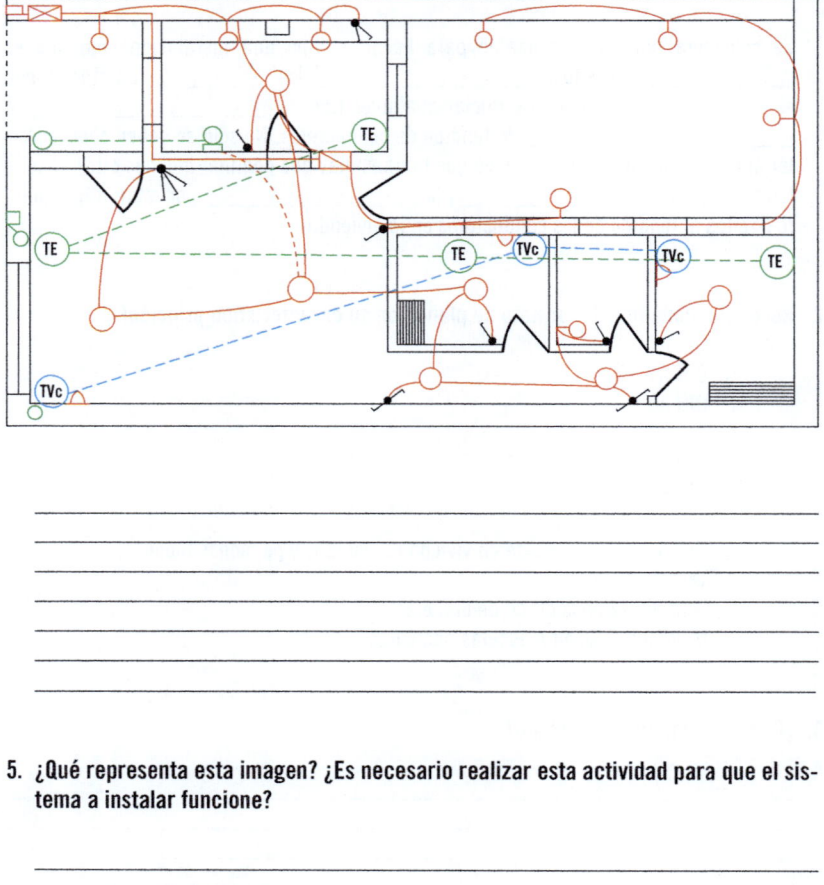

_____
_____
_____
_____
_____
_____
_____

5. ¿Qué representa esta imagen? ¿Es necesario realizar esta actividad para que el sistema a instalar funcione?

_____
_____
_____
_____

6. ¿Por dónde puede discurrir la canalización de una instalación domótica?

_____

_____

7. ¿Qué se está representando en la imagen y qué pasos previos se han necesitado hasta llegar a ella?

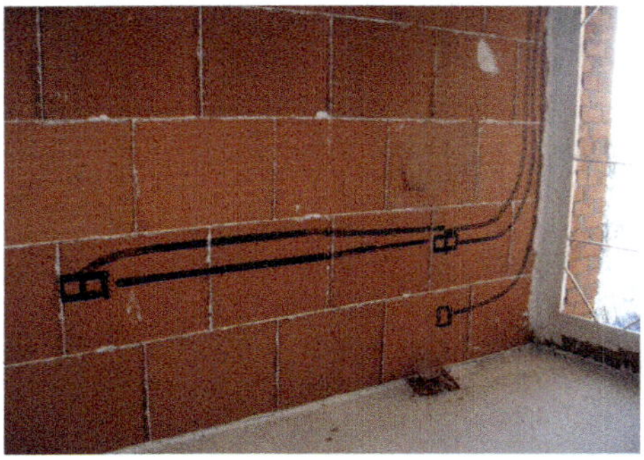

_____

_____

_____

_____

_____

_____

_____

8. Indique si las siguientes afirmaciones son verdaderas o falsas:

a. Los sensores empotrados se encuentran fijados por tornillería a la superficie que los sujeta.

☐ Verdadero
☐ Falso

b. Los sensores que tienen un menor tamaño se ocultan.

☐ Verdadero
☐ Falso

c. Los actuadores incrustados en un motor de persiana están ocultos.

☐ Verdadero
☐ Falso

d. A los actuadores de superficie debe acompañarle una caja para ser incrustados en ella.

☐ Verdadero
☐ Falso

9. ¿Qué se representa en la figura? ¿Para qué sirven?

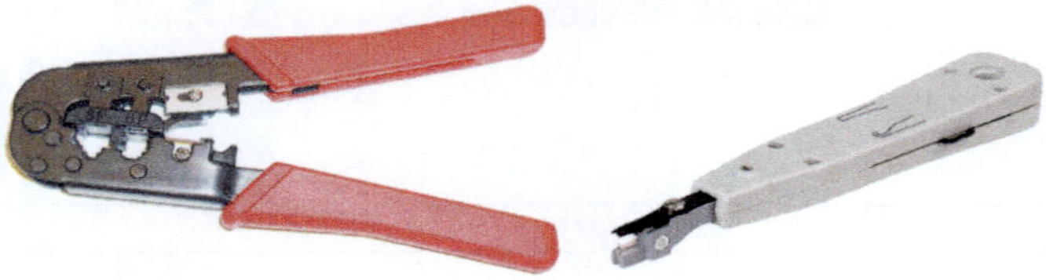

_____
_____
_____
_____
_____
_____
_____

10. Complete el siguiente teto.

Siempre que la instalación sea muy simple, el controlador irá incluido en la misma _____ que las _____ de entrada y de salida. La otra forma de colocación es en _____, que es la más común cuando una instalación es un poco más compleja. La primera se suele utilizar en pequeñas obras de _____ o cuando se quiere hacer un _____ puntual de pocos elementos. La segunda se realiza cuando el número de _____ y su _____ se van incrementando.

11. Seleccione la respuesta correcta con respeto a la instalación de interfaces.

    a. La interfaz USB es el más fácilmente instalable.
    b. La instalación de la interface de pines ha de seguir un esquema de conexionado.
    c. La interface RJ45 dispone de un único modo de crimpado.
    d. Una interface de salida solo puede ser instalada de forma empotrada.

12. ¿Qué representa la imagen?

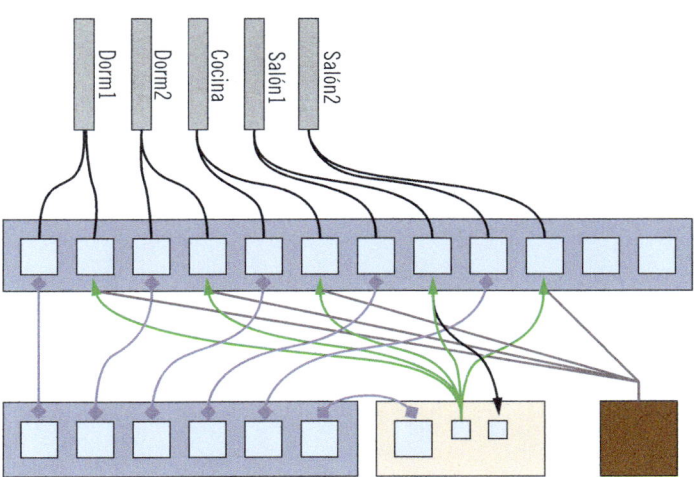

13. ¿Qué dos opciones existen de montaje de canalización a techo?

_____
_____
_____
_____

14. Describa los pasos que debería seguir en un replanteo.

_____
_____
_____
_____

Capítulo 3

Conexionado de los elementos de las instalaciones domóticas

Contenido

1. Introducción

Hasta ahora el alumno ha ido conociendo el proceso de instalación de un sistema domotizado desde su estudio y proyecto, pasando por su replanteo en obra, hasta el tendido de conductores y montaje de los elementos del sistema. En este capítulo se mostrarán los distintos sistemas o estándares que se pueden encontrar en el mercado y sus especificaciones particulares. Dichos sistemas vienen siendo desarrollados por diferentes marcas comerciales aunque algunos de ellos tienen muchas similitudes.

En los próximos epígrafes se mostrará la forma de llevar a cabo las conexiones entre los distintos componente y como todos ellos confluyen en los controladores que, como ya se sabe, son los elementos que procesan toda la información y determinan las actuaciones pertinentes. Una vez que el sistema está conectado se procederá a su puesta en marcha y configuración, con lo que quedará plenamente en funcionamiento.

Para acometer el estudio de todos estos conceptos se expondrán los diferentes modos de interconexionado existentes para los sistemas domóticos, y los distintos estándares que se han generado a raíz de cada uno de ellos.

Posteriormente se detallarán los diversos tipos de conexión existentes para sensores y actuadores, para que finalmente, se estudie el modo de acople de los equipos de control a los sistemas domóticos como últimos componentes que quedarían pendientes de integración en la instalación.

2. Procedimientos de conexionado

Antes de explicar el conexionado de los conductores con los elementos que forman un sistema domótico se expondrán unos conceptos básicos que se consideran imprescindibles en cuanto a la organización física y lógica del equipo y a los medios de comunicación de este.

El estudio del conexionado ha de realizase en base a dos bloques claramente diferenciados: uno físico, que mostrará la estructura de diseño que adquirirá la instalación según las condiciones que se tengan en cada caso, y uno lógico, que expondrá las distintas formas de comunicarse que pueden utilizar los diversos elementos que componen la instalación, según los estándares escogidos para ello.

2.1. Procedimientos de conexionado físico

Se acudirá a cada marca comercial para recopilar información y obtener recomendaciones de instalación, ya que cada fabricante puede recomendar una solución diferente de acuerdo a su sistema particular.

La organización física del sistema se puede hacer de cuatro formas diferentes según las necesidades y las características de la vivienda donde se va a instalar:

- **Estrella:** consta de un nodo central al que llegan todos los sensores y desde el que parten todos los actuadores.

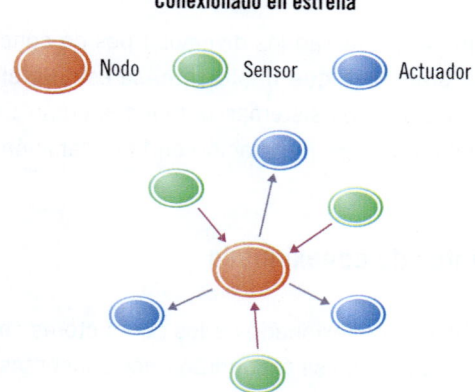

Conexionado en estrella

■ **Bus:** en este caso todos los sensores y actuadores están conectados a una misma línea de comunicación que llega hasta el controlador.

Conexión mediante bus

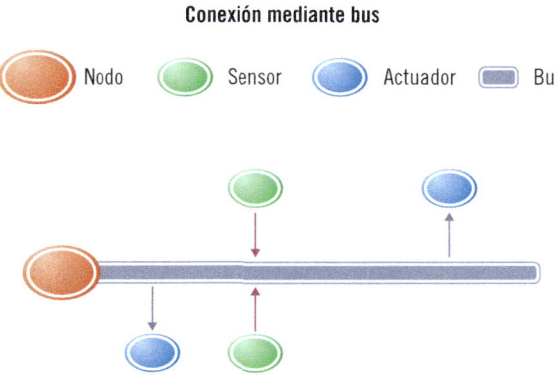

■ **Anillo:** este sistema es un circuito cerrado en el cual cada nodo se comunica con el siguiente pero siempre en una misma dirección.

Conexionado en anillo

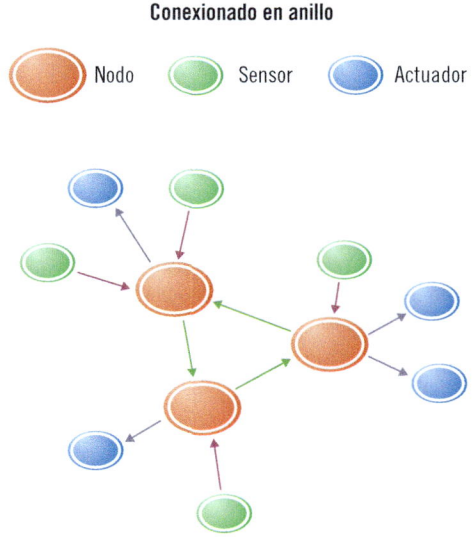

■ **Malla:** el término en inglés es *mesh network* y consiste en una interconexión de nodos en forma de malla en el que todos pueden comunicarse con todos sin las limitaciones del tipo anillo. Es el más completo y complejo de todos.

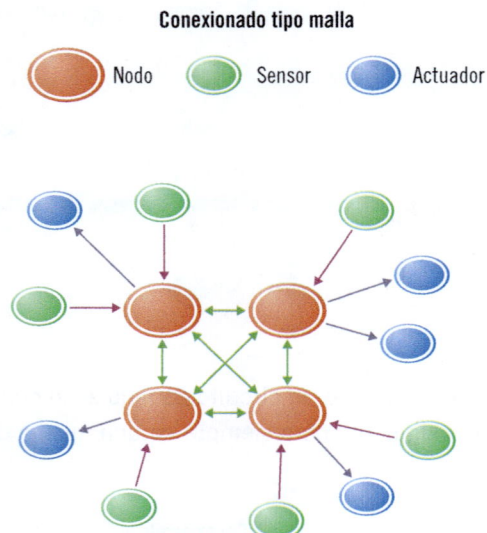

Conexionado tipo malla

Nodo ● Sensor ● Actuador

Actividades

1. Ponga tres ejemplos de instalaciones que necesiten interconexionado físico.
2. Identifique algún fabricante de sistemas domóticos y consulte el número de cables necesarios para llevar a cabo un interconexionado físico.

2.2. Procedimientos de conexionado lógico

Una vez expuestos los sistemas de conexionado físico se necesita saber los métodos de transmisión lógica, pero conociendo primero los distintos soportes que pudieran emplear cada uno de ellos:

- **Sistema de corrientes portadoras:** utiliza la misma línea eléctrica para transmitir las señales acoplándolas a esta.
- **Sistema independiente:** se utilizan cables especiales como los pares trenzados que se instalan específicamente para este uso.
  Nota: también se usa la fibra óptica, el cable coaxial o el cable paralelo.
- **Sistema inalámbrico:** no se utilizan cables sino que las señales viajan mediante ondas de varios tipos como las infrarrojas, ultrasonidos o las de radiofrecuencia.

Cada uno de los anteriores soportes se utilizará dependiendo del tipo de instalación que se vaya a realizar, por lo tanto es indispensable la ejecución de un estudio previo de la vivienda y de un proyecto que adapte las distintas tecnologías a las necesidades previstas.

Además cada tipo de comunicación lógica escogerá un determinado soporte para transmitir la información codificada entre todos los elementos de la instalación.

 Nota

Cada uno de los sistemas anteriores necesita un lenguaje o protocolo de comunicación para saber interpretar las órdenes y comandos que se precisen intercambiar.

Por tanto, la necesidad de comunicación codificada entre los elementos de la instalación, y el modo de realizarlo, usando un soporte indiferente según cada caso, ha originado el nacimiento de distintos protocolos y estándares que en definitiva se encargan de organizar y parametrizar todo ese intercambio de información.

Ya se ha citado anteriormente que el mercado de la domótica se caracteriza por la existencia de multitud de marcas comerciales y también por estándares distintos. Se mostrarán los más extendidos junto a sus características principales para que el alumno se familiarice con los que dominan la actualidad de la domótica:

KONNEX
Basado en otros sistemas anteriores (Batibus + EIB + EHS)
Sistema abierto por lo que permite añadir elementos de distintos fabricantes
Puede utilizar varios medios de transmisión como el bus, la línea eléctrica, red ethernet y sistemas inalámbricos
Necesita pasarelas para comunicarse con la fibra óptica
Dispone de un *software* propio para su configuración llamado ETS

Permite varios tipos de configuración	A-MODE: El sistema se configura automáticamente al ser instalado
	E-MODE: Viene configurado de fábrica y solo hay que instalarlo
	S-MODE: Se configura mediante un ordenador conectado con el sistema y el programa ETS

X-10
Sistema de comunicación basado en corrientes portadoras utilizando la propia red de baja tensión de la vivienda
Emplea la estructura de malla para comunicarse entre nodos
Utiliza mensajes en código binario para transmitir la información
Los módulos los puede fabricar cualquier marca comercial aunque deben incluir los circuitos X-10
Tiene la limitación de poder conectar un máximo de 256 componentes
Puede necesitar algunos filtros para depurar la señal
Puede incorporar controladores para comunicación mediante radiofrecuencia o infrarrojos

LONWORKS
Utiliza varios sistemas de comunicación como el par trenzado, la fibra óptica, el cable coaxial y el sistema inalámbrico
Sistema de control distribuido intentando que cada vez sea más abierto
Se pueden usar elementos de varios fabricantes distintos
Los sensores y actuadores tienen su propia inteligencia independiente de los nodos
Utiliza el protocolo *Peer to peer* (de compañero a compañero).
Cada nodo tiene un controlador especial llamado *Neuron Chip* que utiliza un interface llamado *Tranceiver* para comunicarse con la red

AMIGO
Es un sistema llamado "Propietario" que significa que no es abierto por lo que todos los elementos deben ser de esta marca
Sistema descentralizado por lo que es muy versátil
La transmisión de datos por el sistema se hace mediante un cable de pares trenzados al igual que la alimentación
Se puede configurar fácilmente cada módulo por separado o bien mediante un controlador de forma conjunta. Este controlador es especial

 Actividades

3. Señale algún otro estándar de conexionado lógico.
4. Indique cuáles de los conexionados estudiados utilizan redes de datos para intercambiar información.

Recuerde

Tipos de conexión:

I Estrella.
I Anillo.
I Mediante bus.
I En malla, llamada *mesh network*.

Tipos de transmisión de datos:

I Sistema de corrientes portadoras mediante la línea eléctrica.
I Mediante bus de pares trenzados, cable coaxial, cable paralelo o fibra óptica.
I Sistemas inalámbricos.

Aplicación práctica

Como técnico instalador de una empresa domótica le piden asesoramiento sobre el tipo de estándar domótico a usar para una instalación en unas dependencias en las que se sabe a priori que el suministro eléctrico es muy inestable.

¿Qué tipo de estándar descartaría por completo?

SOLUCIÓN

En el caso de tener que acometer una instalación domótica en un centro en el que ya se conoce de antemano que habrá problemas con el suministro eléctrico (tanto por subidas como por bajadas de tensión), el primer estándar que habría que descartar sería el formato X-10, ya que este se basa en la línea de baja tensión del local objeto de instalación, y si se conoce que esta es inestable, un sistema domótico instalado basado en ella sería igual de inestable e ineficiente.

3. Conexión de sensores

La última fase de la instalación sería la conexión de los diferentes elementos entre sí, en este caso, la conexión de los sensores a los conductores que llevarán la información hasta otros elementos de la instalación. Esa conexión se puede hacer de dos formas diferentes: la primera es a través de cables conductores y la segunda mediante un sistema inalámbrico.

3.1. Conexión a un conductor físico

En este tipo de conexión se utilizaría un par trenzado, un cable paralelo, cable coaxial, o fibra óptica. En cualquiera de los casos cada cable individual se conectará en un lugar específico dentro del elemento en cuestión y que variará según el fabricante. Por esta razón es completamente imprescindible acudir al manual de montaje del fabricante donde se detallará la forma correcta de conexionado de ese elemento para conseguir su adecuado funcionamiento.

 Nota

Estas instrucciones suelen reflejar un esquema de conexión identificando el tipo de cable, color y su posición.

Una vez conectado el sensor se fijará en la posición correcta.

Ejemplo de esquema de conexión de un sensor de movimiento

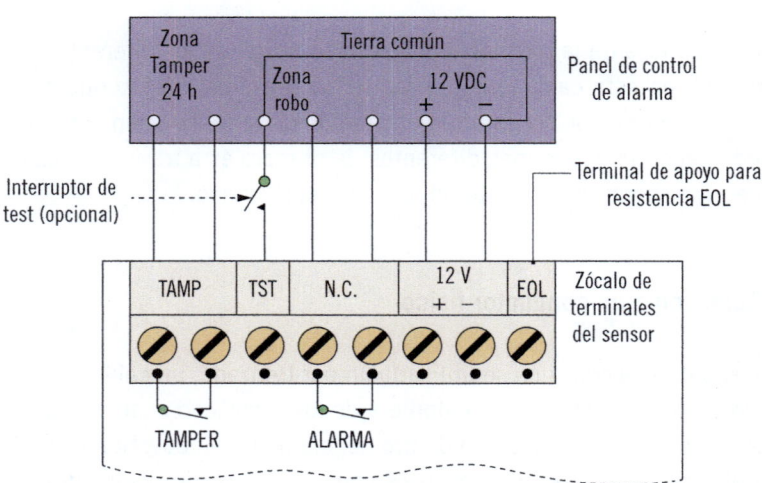

3.2. Conexión inalámbrica o RF (radiofrecuencia)

Dado que este tipo de conexión no necesita de cableado se fijará el sensor al soporte mediante tornillería o sistema recomendado.

 Importante

Previamente es necesario hacer unas pruebas de ubicación y de transmisión para comprobar que el detector realiza la función correctamente y que una vez recogida la información la envía en forma de ondas hasta el controlador en el que se configurarán las funciones a realizar.

Estos sensores deben llevar un sistema de alimentación autónomo por baterías ya que no están conectados a la red eléctrica.

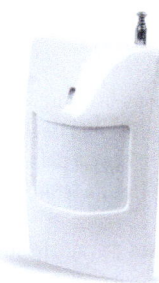

Sensor inalámbrico

 Aplicación práctica

Durante el proceso de instalación de un sistema domótico se encuentra en la fase de conexionado de sensores. A cada elemento le acompaña un manual de instalación en el que aparece una figura como esta:

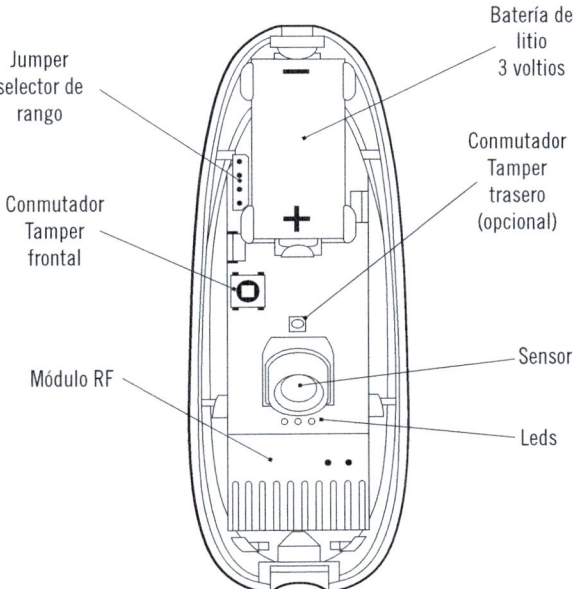

Continúa en página siguiente >>

<< Viene de página anterior

SOLUCIÓN

En este caso, tal y como se observa en la figura, el sensor no viene provisto de ningún regletero de pines para interconectarle ningún cable, sino que por el contrario, tiene un módulo denominado RF, o sea, la pista básica para deducir que dicho dispositivo se interconectará con el resto de la red domótica de forma inalámbrica.

Por tanto habrá que ir emitiendo pulsos de radiofrecuencia desde el equipo de control, tal y como aconseje el fabricante, hasta que el dispositivo sensor sea localizado y registrado en el sistema.

4. Conexionado de actuadores

Para la conexión de los actuadores se procede de una forma similar a la de los sensores y también se pueden encontrar actuadores para conexión por cable o actuadores inalámbricos.

- **Conexión por cable:** dentro del elemento al que se accede mediante la retirada de la carcasa exterior se encuentran las conexiones preparadas para alojar los cables dependiendo de su tipo. Según el fabricante y el sistema elegido esas clavijas pueden ser de pines, de tornillos o de cualquier otra clase.
- **Conexión inalámbrica o RF:** en este caso también es importante la comprobación previa del funcionamiento y de la cobertura de la radiación para evitar futuros problemas de uso. Estos actuadores suelen llevar incorporado un sistema de alimentación por baterías.

Esquema de un actuador de conmutación de la marca GIRA

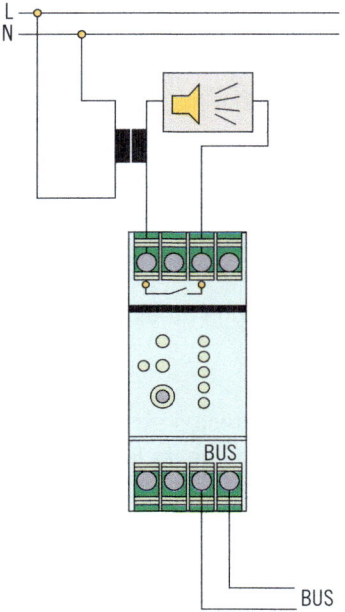

Actuador WiSAC inalámbrico

Los actuadores, además de ir conectados a la centralita de control, deberán estar conexionados al aparato o mecanismo sobre el que se quiere actuar (persianas, motores, válvulas, etc.). Esto también es específico de cada fabricante y del elemento al que va conectado, por lo que se recomienda siempre seguir las instrucciones de uso e instalación.

5. Conexión del equipo de control

La última fase en la interconexión de una instalación domótica es la conexión de los equipos de control.

El nodo de control puede ser único o existir varios según se haya dispuesto en el proyecto técnico teniendo en cuenta las necesidades de la vivienda.

 **Recuerde**

El proceso de conexionado debe de hacerse de forma ordenada y siguiendo fielmente las instrucciones del fabricante y seguidamente se procederá a la configuración del sistema completo.

Volviendo a la diversidad de marcas y sistemas hay que tener presente que existen en el mercado diferentes tipos de configuración de equipos domóticos, en algunos casos el sistema viene configurado de fábrica, en otros el sistema se configura al ser instalado automáticamente, y en los más complejos, la configuración se lleva a cabo mediante un *software* específico a través de un ordenador.

Central de control con antena inalámbrica.
Abajo se pueden ver las conexiones para cable.

El equipo de control tendrá unos puertos de entrada y otros de salida tipo USB, de pines, RJ-45, inalámbrico o cualquier otro a los que se irán conectando todos los sensores y actuadores por separado.

Instalación de controladores domóticos en armario con carriles DIN

 Consejo

Para no tener dudas se acudirá al proyecto técnico y al manual de instrucciones del módulo de control y se seguirán sus instrucciones cuidadosamente respetando las posiciones y los colores.

Finalmente solo se tendrá que pasar a la configuración del sistema de las formas explicadas y se procederá a la puesta en marcha y comprobación de todo lo instalado, para que finalmente el usuario pueda disfrutar de su vivienda domotizada.

 Actividades

5. Indique qué considera más seguro: un sensor cableado o uno inalámbrico. Razone la respuesta.
6. Señale cómo irá interconectado el actuador sobre el equipamiento en el que actúa.
7. Explique qué cree que ocurriría si fallara el conexionado del equipo de control.

6. Resumen

En este capítulo se ha mostrado la culminación de una instalación domotizada con el conexionado de todos sus componentes para su puesta en marcha final.

En un principio se han podido estudiar los distintos esquemas de conexionado físico, como el sistema de estrella, el sistema de bus, el sistema de anillo y el sistema de malla entre los nodos, y los sensores y actuadores según las necesidades particulares de la vivienda y de los usuarios.

A continuación se ha mostrado la parte lógica de la instalación, exponiendo en primer lugar los distintos medios de propagación de la comunicación escogida por cada uno de los estándares existentes, tales como sistemas de corrientes portadoras y sistemas independientes e inalámbricos, para posteriormente indicar los estándares más utilizados a nivel mundial por los principales fabricantes tanto europeos, KNX y X-10, como americanos (sistema *Lonworks)*.

Por último se ha presentado al alumno los métodos para el conexionado de los diferentes componentes del sistema domótico, en donde se ha podido comprobar que para sensores, actuadores y elementos de control van a considerarse dos formas básicas de interconexión:

La más complicada de instalar, pero más segura, basada en conexión física de cableado según los esquemas que proporcione cada fabricante.

La opción inalámbrica. La más cómoda de instalar porque no necesita de tirada de cables ya que se basa en propagación de ondas por el aire, pero más vulnerable y expuesta a cualquier tipo de interferencias de otros sistemas.

Ejercicios de repaso y autoevaluación

1. ¿Cómo se puede organizar físicamente el conexionado de las instalaciones domóticas?

_____

_____

2. Relacione cada tipo de sistema de soporte de conexionado lógico con alguna de sus características.

    a. Sistema de corriente de portadoras.
    b. Sistema independiente.
    c. Sistema inalámbrico.

    __ Se utilizan cables especiales como los de pares trenzados.
    __ Las señales viajan mediante ondas.
    __ Está basado en la línea eléctrica del local.

3. Complete el siguiente texto.

La última _____ de la instalación sería la _____ de los diferentes elementos entre sí, en este caso la _____ de los _____ a los _____ que llevarán la información hasta otros _____ de la instalación. Esa conexión se puede hacer de dos formas diferentes, la primera es a través de _____ conductores y la segunda mediante un sistema _____.

4. ¿A qué corresponde esta imagen?

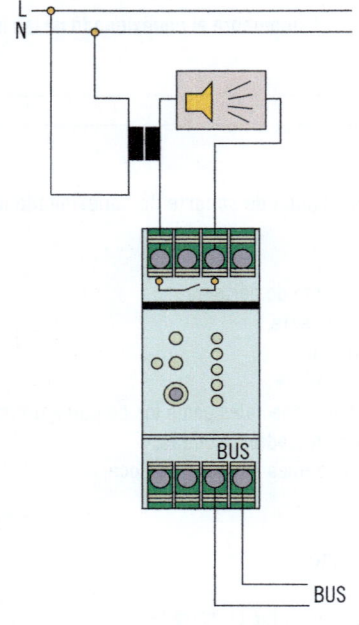

_____

_____

_____

_____

5. Indique si las siguientes afirmaciones son verdaderas o falsas.

    a. Un sensor solo interactúa con el sistema domótico, ya que con otros sistemas actúa el actuador.

        ☐ Verdadero
        ☐ Falso

b. El actuador se ha de interconectar tanto a la red domótica como al dispositivo sobre el que actuará.

☐ Verdadero
☐ Falso

c. La opción de interconexión inalámbrica solo está disponible para sensores.

☐ Verdadero
☐ Falso

d. El interconexionado mediante cableado es más laborioso de implementar pero más seguro.

☐ Verdadero
☐ Falso

6. **Para que un dispositivo domótico pueda ser interconectado de forma inalámbrica será fundamental...**

a. ... una ficha de bornes.
b. ... una fuente de alimentación de 220 V.
c. ... un módulo RF.
d. ... dos bornes a bus.

7. **¿Qué se representa en la figura?**

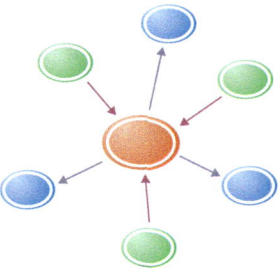

8. Añada alguna de las características del estándar X-10 que faltan en el esquema.

X-10
Los módulos los puede fabricar cualquier marca comercial aunque deben incluir los circuitos X-10
Puede necesitar algunos filtros para depurar la señal

9. ¿Qué desconexionado provocaría una mayor incidencia en la instalación domótica?

    a. El de una central de control en instalaciones tipo estrella.
    b. El de una central de control en cualquier caso.
    c. El de un actuador con misiones de gestión y control.
    d. El de un sensor con misiones de gestión y control.

10. ¿Qué son los estándares de comunicación domóticos? Cite cuatro.

_____

_____

_____

_____

11. ¿Qué diferencias existen entre el conexionado físico y lógico en una instalación domótica?

_____

_____

_____

_____

12. Exponga en esta imagen qué podría ser nodo, bus, sensor y actuador.

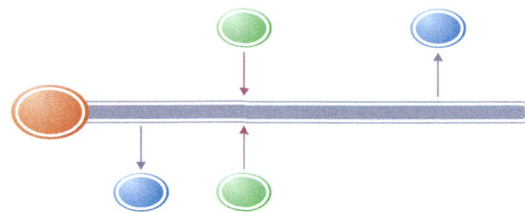

13. Complete el siguiente texto.

Cada tipo de comunicación _____ ha sido adquirido como forma básica de _____ de la _____ por los distintos protocolos y _____ domóticos existentes _____. El _____ de la domótica se caracteriza por la existencia de multitud de _____ comerciales y también por _____ distintos.

14. ¿Qué distintos tipos de configuraciones permite el estándar KNX?

_____
_____
_____
_____

Capítulo 4

Sustitución de los elementos averiados en las instalaciones domóticas

Contenido

1. Introducción

En los capítulos anteriores se ha mostrado al alumno paso a paso como se desarrolla una instalación domótica para una vivienda, sin embargo, al igual que cualquier otro dispositivo, el sistema domotizado no está exento de averías y problemas. En ocasiones estos fallos pueden ser errores del propio elemento, otras veces dependen de la red a la que está conectado, y finalmente pueden deberse a un uso indebido de la instalación.

Ya que se prevén averías, el presente capítulo pretende mostrar al alumno como actuar ante un problema repentino o saber interpretar indicios del sistema que anteceden a los fallos.

En un principio se mostrarán cuáles son las características más habituales de las averías en los elementos, analizando el porqué se han producido atendiendo a los indicios que presentan.

También se verán las tipologías de averías más frecuentes en sensores, actuadores y elementos de control, identificando los problemas y aprendiendo a comprobar cada uno de los elementos para llegar a dar una evaluación de la situación.

Una vez que se han identificado los componentes averiados se procederá a su sustitución o reparación donde se analizarán los métodos de desmontaje y desconexión de elementos que se cambiarán por otros nuevos, y a la verificación de su funcionamiento tras la reparación (si procede).

2. Características de las averías típicas de la instalación

Al igual que en cualquier otro sistema las instalaciones domóticas están expuestas a sufrir averías en uno o varios de sus elementos. El grado de importancia de ese fallo vendrá dado por su gravedad en cuanto a la actuación para solucionarlo. También se tendrá en cuenta la complejidad de la instalación, siendo más dificultoso evaluar una gran instalación con multitud de nodos que una pequeña de solo un controlador.

Como paso previo se expondrán los grados de los fallos más comunes. Esta división no está normalizada pero ayudará a catalogar el tipo de error que se puede encontrar.

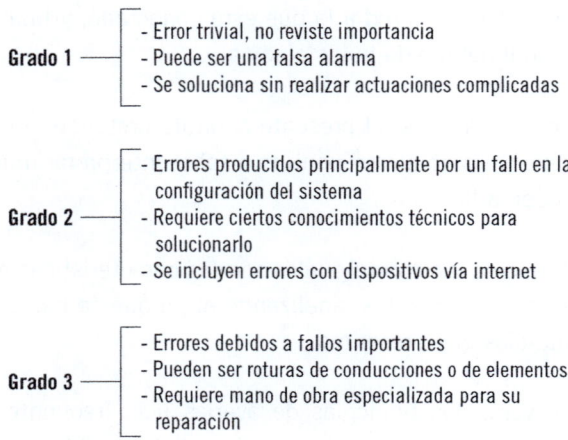

Grados de importancia de las averías

Grado 1
- Error trivial, no reviste importancia
- Puede ser una falsa alarma
- Se soluciona sin realizar actuaciones complicadas

Grado 2
- Errores producidos principalmente por un fallo en la configuración del sistema
- Requiere ciertos conocimientos técnicos para solucionarlo
- Se incluyen errores con dispositivos vía internet

Grado 3
- Errores debidos a fallos importantes
- Pueden ser roturas de conducciones o de elementos
- Requiere mano de obra especializada para su reparación

Con esta graduación el operario podrá determinar la importancia de la avería aunque no se debe permitir que alguien sin formación adecuada manipule la instalación, principalmente por su seguridad, pero también porque puede provocar otras averías más graves.

2.1. Herramientas utilizadas

Se considera que un técnico que tiene que llevar a cabo una reparación deberá utilizar una serie de herramientas básicas con las que investigará, encontrará y reparará las averías.

- **Set de destornilladores:** con ellos se puede proceder al desmontaje de la mayoría de los elementos de un sistema domótico, ya que casi todos se fijan mediante tornillos. Estos también servirán para conectar y desconectar los elementos de las interfaces.

Algunos destornilladores incorporan un tester que permite comprobar si en un cable hay tensión eléctrica.

Juego de destornilladores completo

- **Destornilladores de precisión:** se usan para ajustes en lugares pequeños y complicados de difícil acceso.

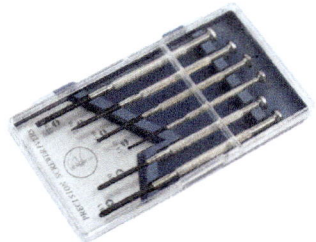

Juego de destornilladores de precisión

- **Juego de llaves:** estas herramientas se usarán para el desmontaje de elementos como bandejas o tapas que estén fijadas por tuercas. Es importante contar con llaves tipo allen y carracas.

Juego de llaves completo

- **Escalera de electricista:** es una herramienta común en varios gremios y muy necesaria para acceder a techos y alturas considerables. Debe ser adecuada para trabajar con elementos bajo tensión eléctrica, y así evitar los contactos directos. Algunas están construidas en madera, otras en plástico, y otras son metálicas con tacos de goma en las patas.

Escalera de electricista telescópica

- **Equipos de protección:** según la ley de Prevención de Riesgos Laborales para la ejecución de los trabajos en los que pueda haber contactos eléctricos se deben tomar ciertas precauciones y es obligatorio el uso de equipos de protección individual además de las protecciones colectivas. Estos equipos (EPI) están integrados por guantes, calzado, casco, ropa de trabajo, gafas protectoras, etc.

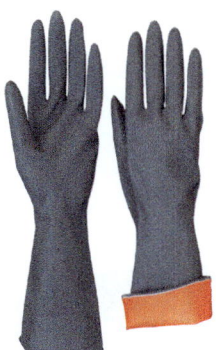

Guantes de protección frente al contacto eléctrico

Las indicaciones anteriores son obligatorias para acometer cualquier tipo de reparación en el sistema domótico. Una vez el operario esté bien equipado procederá a la inspección de la instalación en busca del fallo a reparar.

2.2. Procedimiento de inspección

La inspección se puede hacer en tres sencillos pasos que suministrarán información previa a la reparación de la avería.

Recopilación de información

En este caso se preguntará al propietario cuáles son los indicios que ellos han detectado.

Importante

Es esencial considerar esta información ya que el usuario es el que mejor conoce la vivienda y el que puede detectar fallos aunque sean casi inapreciables.

Por otro lado se chequeará la centralita o centralitas de control para constatar la existencia, o no, de mensajes de fallo o error. En muchos casos, y dependiendo del tipo de elemento, puede que se muestre en pantalla el componente que está fallando.

Mensaje de error en la pantalla de la centralita

Localización

Tras hacer las primeras investigaciones el siguiente paso es el de localización de la avería. Este puede llegar a ser muy complicado dependiendo del origen del problema. Llegados a este punto se distinguirá entre averías en el sistema de comunicación, como cables o inalámbrico, y averías en sensores, actuadores o elementos de control.

- **Averías en conductores:** cuando el fallo está en la red de conductores el procedimiento para la localización comenzará desde el cuadro de la centralita. Desde allí se irán siguiendo las diferentes líneas de conductores haciendo comprobaciones por tramos entre cada dos cajas de conexión. Así se comprobarán que las conexiones están correctamente realizadas y que no se ha interrumpido la línea por un seccionamiento accidental de la misma.

Esto último es uno de los fallos más frecuentes, ya que en posteriores actuaciones como taladros o reformas se pueden cortar o dañar los conductores.

Taladrando una pared se pueden romper canalizaciones de conductores que están ocultas.

■ **Averías en los elementos:** las averías en sensores, actuadores y controladores pueden tener orígenes diferentes, siendo los más comunes los siguientes:

  ▮ **Seccionado:** taladrar en el lugar equivocado puede ocasionar la rotura de la línea de conductores.
  ▮ **Conexiones:** un defecto en el conexionado, ya sea el original o el proveniente de alguna reforma posterior, deriva en problemas de funcionamiento. Las conexiones se deben revisar periódicamente para mantener el circuito en perfectas condiciones.
  ▮ **Animales:** algunos animales como los roedores pueden seccionar un cableado si este no está bien protegido, ya que acceden a él y lo cortan o lo dañan con los dientes.

■ **Incendios:** no es necesario que se declare un gran incendio, simplemente un sobrecalentamiento de una línea o conexión puede provocar que se debiliten las protecciones aislantes y se produzcan cortocircuitos y fallos.

Rotura parcial de un conductor con varios hilos

Recuerde

El procedimiento para inspeccionar una avería consiste en seguir de forma sistemática unos determinados pasos:

■ Recopilar información.
■ Localizar la avería.
■ Determinar las posibles causas del fallo.

Siguiendo estas pautas se conseguirá realizar la inspección de manera efectiva.

Actividades

1. Reflexione sobre si usted sigue este procedimiento para la gestión de averías ante cualquier malfuncionamiento detectado en una instalación o equipamiento de su hogar.
2. Señale si son obligatorios los EPI. Consulte qué dice la Ley de Prevención de Riesgos Laborales al respecto.

Aplicación práctica

Su empresa recibe un encargo de supervisión de una instalación domótica que ha sufrido una avería. En la fase de recopilación de información le comunican que el sistema domótico no funciona con normalidad desde que un empleado de la oficina intentó integrar un nuevo sensor. Notan además que de forma periódica la central de control emite un leve pitido.

¿Cómo procedería a solventar la avería?

SOLUCIÓN

Realizada la fase recopilación de información habría que analizar dos datos muy importantes remitidos por el cliente:

I Al indicar el cliente que la central domótica emite un sonido de aviso de forma periódica se deducirá que la avería se encuentra localizada exactamente en ese punto, por lo que se actuará sobre este dispositivo.
I El sistema empezó a funcionar mal desde que un empleado (posiblemente inexperto en domótica) intentó integrar un nuevo sensor, por lo que es casi seguro que la avería haya sido originada por una mala configuración del sistema.

Por tanto se llegará a la conclusión de que habrá que actuar sobre la central de control, entrar en su configuración, e intentar integrar el sensor que no ha podido ser integrado. Para efectuar esta operación se necesitará consultar el manual del equipo, en donde el fabricante recogerá las nociones de cómo actuar cuando el sistema presente pitidos periódicos.

3. Tipología de las averías

En este apartado se estudiarán los diferentes tipos de averías que se pueden encontrar en los elementos de un sistema domótico por separado, ya sea en sensores, actuadores o el propio sistema de control.

3.1. Averías en sensores y actuadores

Los tipos de avería que se pueden presentar en sensores y actuadores son similares por ser elementos con un nivel de automatización parecido, por tanto, las causas que los originan suelen ser comunes para ambos. Estas se muestran a continuación.

Golpes

En este caso el fallo se produce cuando el componente recibe un golpe accidental. En este supuesto puede que el sistema deje de funcionar o que siga funcionando con errores.

Se suele detectar el problema si se ven marcas del golpe en la parte exterior. En otras ocasiones hay que desmontar la carcasa para ver el interior por si tuviese partes dañadas o sueltas.

Meteorología

Cuando los elementos están en el exterior de la vivienda existe la posibilidad de que los agentes atmosféricos como el agua, el viento o el sol provoquen desperfectos en ellos. En estos casos se apreciarán marcas de humedad o de exposición inadecuada al sol, tanto en las partes exteriores como en las interiores.

 Nota

Los elementos para exteriores deben tener un nivel de protección determinado frente a la meteorología pero en algunos casos esa protección se ve mermada por el paso del tiempo o simplemente acarrea defectos de fabricación.

Fallo mecánico

Los elementos que incluyen partes mecánicas móviles como los anemómetros o los motores tienen la posibilidad de sufrir averías en dichos mecanismos derivadas de roturas en las piezas o desajuste entre ellas.

Este tipo de engranaje se puede encontrar en un anemómetro o en cualquier otro elemento y puede provocar fallos en el sensor o actuador.

Fallo eléctrico

La gran mayoría de los elementos incluyen circuitos eléctricos y electrónicos de mayor o menor complejidad. Estos pueden sufrir el fallo de alguno de sus componentes y por lo tanto provocar una avería en el sistema.

En la imagen se muestran varios de los componentes electrónicos de un circuito que pueden fallar.

Sobrecalentamiento

Viene derivado del mal funcionamiento de algún componente de un aparato ya sea mecánico o eléctrico. Si un elemento defectuoso sigue funcionando se sobrecalienta y puede provocar, además de la rotura del sensor o actuador, un incendio en la instalación y por consiguiente en la vivienda.

Estos problemas se suelen detectar cuando se percibe un ligero olor a quemado y en algunas ocasiones se ve alguna señal en el exterior del componente como un oscurecimiento de la carcasa protectora.

El sobrecalentamiento puede provocar que se queme todo el circuito.

Sabotaje

Por último, las averías también pueden ser intencionadas si se intenta fraudulentamente provocar el fallo de la instalación con el objeto de burlar la seguridad o el control.

Cuando existe sabotaje se suelen observar símbolos de violencia como es la rotura de cámaras de videovigilancia o corte de cables de comunicación. En el primero, los sensores o actuadores incluso se llegan a arrancar y romper, y en el segundo pueden aparecer varios cortes y desprendimiento de cables o manipulación en cajas de conexiones.

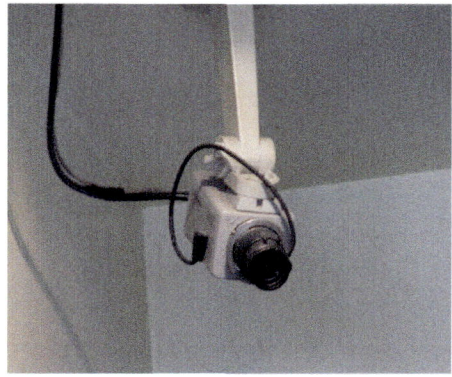

Las cámaras de seguridad suelen ser saboteadas cortando el cable de conexión, rompiéndolas, o pintando la pantalla con pintura.

3.2. Averías del sistema de control

En cuanto al sistema de control, por estar situado normalmente en zonas interiores, no le afectarán los problemas derivados de la exposición a la intemperie ni los de vandalismo, por lo tanto se reduce la posibilidad de avería en un porcentaje significativo.

De los posibles fallos coincidentes con los de sensores y actuadores se puede decir que los de fallo eléctrico, los de fallo mecánico, los de sobrecalentamiento, y los producidos por golpes accidentales son comunes y de similares consecuencias. En cambio cabe destacar otras posibilidades de avería en este tipo de elementos del sistema domótico. Estas se muestran a continuación.

Fallo en la unidad de procesamiento

Los controladores suelen incorporar varios circuitos que realizan funciones diferentes. Se podría decir que un controlador es como una pequeña computadora con todos los elementos que ello conlleva, por lo que hay muchos más lugares donde puede haber fallos, como por ejemplo el núcleo del procesador de datos o la memoria.

Los microchips que incorporan los controladores pueden fallar y averiarse.

Fallo de interfaces

Las interfaces de comunicación con el usuario varían desde las más simples (que solo son pilotos tipo LED y algún botón de control), a otras más complejas y modernas (que constan de pantallas táctiles de manejo y control). En cualquiera de los casos esos elementos pueden fallar y no permitir el control de la instalación.

Las pantallas son muy sensibles a los golpes, en algunos casos pueden dejar de funcionar o hacerlo de forma defectuosa.

Fallo en el conexionado

A estas centralitas llegan todos los cables y conectores desde los sensores y hacia los actuadores, por ello se concentran gran cantidad de conexiones que por el propio movimiento de manejo del controlador se pueden desconectar y dar lugar a la avería.

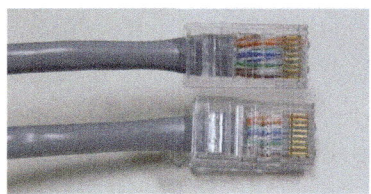

Conector RJ45 muy usado en domótica. Si no se conecta
correctamente la señal no llegará a la centralita.

 Aplicación práctica

Acude a una llamada de un cliente para solventar un problema técnico de una instalación domótica de una oficina. El cliente lo único que le transmite es que el sistema ha dejado de funcionar de forma inesperada.

¿Cómo gestionaría la incidencia?

SOLUCIÓN

Si el cliente no le puede facilitar más información habría que ir analizando cada una de las posibles causas de fallo del sistema e ir descartando opciones.

El hecho de que la instalación sea en una oficina (instalación de interior), y que sin motivo aparente haya dejado de funcionar, elimina las opciones de fallo por causas meteorológicas y golpes, respectivamente.

Habría que comprobar en primer lugar los actuadores, puesto que son quienes incorporan más partes mecánicas. Se verificará si los dispositivos sobre los que actúan funcionan o no, ya que pudiera dar la casualidad de que las averías se encontraran en estos dispositivos y no en el sistema domótico.

También se debería descartar la posibilidad de fallo eléctrico y calentamiento. Para ello habría que acercarse a los dispositivos y comprobar que estén conectados, y con suministro eléctrico, además de tocarlos para comprobar que no tengan una temperatura excesiva que les haya provocado un mal funcionamiento en sus circuitos internos.

Como última opción, si ninguna de las pruebas anteriores ha servido para determinar la avería, solo quedarían dos posibilidades: o bien que el sistema haya sido saboteado, o que el error provenga del equipo de control, ya que un fallo en este último repercutiría en toda la instalación.

Actividades

3. Indique dónde considera que serán más graves las averías: en sensores, actuadores o equipamiento de control.
4. Reflexione sobre la facilidad/dificultad de localización de averías en cada uno de los elementos anteriores.
5. Investigue cómo pueden ser detectadas acciones de sabotaje sobre sensores y actuadores.

4. Procedimiento de sustitución de los elementos averiados

En los apartados anteriores se ha investigado el origen de la avería que afecta al sistema domótico mediante el diagnóstico del sistema completo y localizando finalmente el origen del error que ha dado lugar a la avería. El técnico también debe conocer cómo se debe proceder una vez detectado el elemento que hay que sustituir, todo ello teniendo en cuenta las medidas de seguridad.

El proceso consta de cuatro fases:

- **Desconexión:** es una parte fundamental sobre todo por la seguridad del personal especializado. Es lo primero que se hace justo cuando se detecta la avería, ya que además de permitir trabajar con seguridad, evitará que ese problema pueda afectar a otros elementos.
- **Localización:** consiste en llegar a determinar muy concretamente donde radica el problema e identificar el elemento dañado.
- **Planificación:** en este punto se debe planificar y coordinar la manera de actuar para que el trabajo se lleve a cabo correctamente. Hay que recordar que algunas instalaciones son muy grandes y pueden requerir actuaciones simultáneas en un tiempo limitado. En este momento se deben acopiar todos los materiales necesarios además del elemento a sustituir.
- **Sustitución:** cuando todo está controlado se procede al desmontaje del elemento averiado y al montaje del nuevo elemento siguiendo las instrucciones del fabricante y la normativa tanto eléctrica como de telecomunicaciones.

Recuerde

Las fases a seguir para proceder correctamente a la sustitución de un elemento son cuatro y estas se establecen en un determinado orden cronológico: desconexión, localización, planificación y sustitución.

 **Actividades**

6. Reflexione sobre qué ocurriría si en el procedimiento de sustitución de equipos averiados se omitiera la fase de desconexión.
7. Indique en qué condiciones considera que el servicio técnico del equipamiento domótico averiado debiera intervenir.

5. Procedimientos de restablecimiento del funcionamiento de la instalación

La última fase del proceso de sustitución de elementos averiados es la restitución del funcionamiento de la instalación completa. Para ello también se sigue un procedimiento determinado.

- **Comprobación:** tras la instalación del nuevo o nuevos elementos, y antes de restituir la corriente, se deben realizar inspecciones en la instalación completa revisando las conexiones y haciendo comprobaciones de continuidad entre los elementos manipulados.
- **Restitución de la corriente:** este paso solo se llevará a cabo cuando el responsable de los trabajos dé el visto bueno a la instalación y considere que todo está correcto y listo para ser usado.

- **Test final:** se iniciarán todos los procesos individualmente, sobre todo incidiendo en aquellos a los que haya afectado la avería para comprobar mediante las operaciones pertinentes que todo vuelve a funcionar y que la sustitución de elementos ha sido satisfactoria.
- **Puesta en funcionamiento:** es el último paso de todo el proceso desarrollado en este manual y consiste en la puesta en marcha de toda la instalación ya verificada y la entrega de la misma para su uso.

Fases del restablecimiento del funcionamiento de la instalación

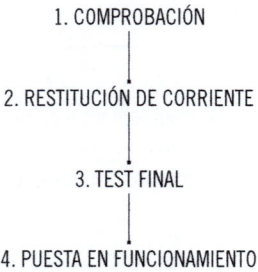

1. COMPROBACIÓN

2. RESTITUCIÓN DE CORRIENTE

3. TEST FINAL

4. PUESTA EN FUNCIONAMIENTO

Actividades

8. Señale qué perjuicios pudieran provocarse en una instalación y en su puesta en funcionamiento sin haber realizado un test al equipamiento.
9. Identifique algún fabricante de sistemas domóticos y alguna documentación de sus equipos. Compruebe las nociones que da para afrontar las averías de los sistemas.

6. Resumen

El presente capítulo pone fin a este manual describiendo paso a paso el proceso de sustitución de aquellos elementos que pueden fallar y averiarse en un sistema domotizado en una vivienda.

Se explicaron los diferentes niveles de gravedad en los que se pueden catalogar las averías para saber cómo se debe actuar en cada caso en particular. Seguidamente se expusieron las principales herramientas y medidas de seguridad que deben aplicarse a cualquier tipo de instalación y en particular a la domótica.

También se expuso el proceso de inspección con el fin de localizar las averías, y proceder a especular con las posibles causas que la han provocado.

Se revisaron las causas de avería en conductores, actuadores, sensores y sistemas de control.

En la parte final de este capítulo se describieron los procesos de sustitución y reparación de los elementos averiados, así como la restitución de la funcionalidad total del sistema.

Ejercicios de repaso y autoevaluación

1. Especifique tres características del grado 1 de averías.

2. ¿Qué esquema sigue el procedimiento de inspección de averías?

3. ¿Qué cuatro posibles causas de averías se pueden presentar en los conductores de las instalaciones domóticas?

4. ¿En qué elemento de la instalación domótica se pueden dar principalmente averías mecánicas?

    a. Sensores.
    b. Actuadores.
    c. Equipo de control.
    d. Fuente de alimentación.

5. **Indique si las siguientes afirmaciones son verdaderas o falsas.**

    a. Solo la unidad de control puede tener averías de origen eléctrico.

        ☐ Verdadero
        ☐ Falso

    b. Tanto sensores como actuadores pueden sufrir sabotajes.

        ☐ Verdadero
        ☐ Falso

    c. Un fallo en la unidad central de control repercutirá en el resto de elementos.

        ☐ Verdadero
        ☐ Falso

    d. Los fallos en las interfaces son característicos de la unidad de control.

        ☐ Verdadero
        ☐ Falso

6. **Complete el siguiente texto.**

La _____ es una parte fundamental en el proceso de gestión de _____, sobre todo por la _____ del personal especializado. Es lo primero que se hace justo cuando se detecta la _____, ya que además de permitir trabajar con _____ evitará que ese problema pueda _____ _____ a otros elementos.

7. **¿Qué esquema sigue el proceso de sustitución de equipos averiados?**

_____
_____
_____
_____

8. **Complete el siguiente texto.**

Al igual que en cualquier otro sistema, las instalaciones _____ están expuestas a sufrir _____ en uno o varios de sus _____. El grado de _____ de ese fallo vendrá dado por su gravedad en cuanto a la actuación para _____. También se tendrá en cuenta la _____ _____ de la instalación siendo más dificultoso evaluar una _____ instalación con _____ de nodos que una _____ de solo un controlador.

9. **¿Cuáles son los elementos o herramientas básicos necesarios para la gestión de averías?**

_____
_____
_____
_____

10. **¿Cómo se puede generar una avería según la acción que se representa en la imagen?**

_____
_____

11. Marque con una "C" las averías que se pueden dar por igual en cualquier dispositivo de una instalación domótica, y con una "E", las propias de los equipos de control.

    a. Fallo eléctrico. _____
    b. Fallo en unidad procesamiento. _____
    c. Fallo interfaces. _____
    d. Fallo mecánico. _____
    e. Sobrecalentamiento. _____
    f. Fallo conexionado. _____
    g. Golpes accidentales. _____

12. ¿Qué tipo de fallo se representa en la imagen?

_____
_____

13. ¿Sobre qué dos aspectos se puede actuar en la localización de averías?

_____
_____

14. Las averías también pueden ser intencionadas si se intenta fraudulentamente provocar el fallo de la instalación con el objeto de burlar la seguridad o el control. ¿A
qué tipo de avería corresponde esta descripción?

_____

_____

15. ¿Qué fase fundamental falta en el esquema de restablecimiento del funcionamiento
de la instalación?

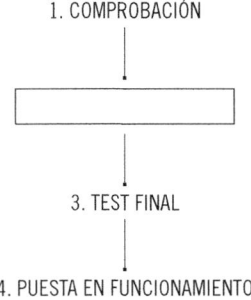

1. COMPROBACIÓN

3. TEST FINAL

4. PUESTA EN FUNCIONAMIENTO

Bibliografía

Monografías

¦ CASTILLO Martín, J. C. et all: *Instalaciones de telecomunicaciones.* Madrid: EDITEX, 2022.

¦ CEDOM (Asociación Española de Domótica), Instituto para la Diversificación y Ahorro de la Energía (IDAE): *Cómo ahorrar energía instalando domótica en su vivienda. Gane en confort y seguridad.* Barcelona: AENOR Ediciones, 2008.

¦ GAS Bueno, M. y CERDÁ Filiu, L. M.: *Instalaciones domóticas.* Madrid. Paraninfo, 2020.

¦ MOLINA González, L.: *Instalaciones domóticas.* Barcelona: McGraw-Hill, 2010.

¦ MORO Vallina, M.: *Instalaciones domóticas (electricidad y electrónica).* Madrid: Paraninfo Ediciones, 2011.

Textos electrónicos, bases de datos y programas informáticos

¦ Colegio Oficial de Arquitectos de Galicia, de:
<https://portal.coag.es/es/category/asesoramento-es/>.

¦ EMTT: Infraestructuras Comunes de Telecomunicación, de:
<https://marismas-emtt.blogspot.com>

▌Web de Schneider Electric España, de: <https://www.se.com/es/es/>.

▌Web de Domoesk, de: <https:\www.domodesk.com>.